ZHONGDENGZHIYEXUEXIAOJIXIELEIZHUANYEGUIHUAJIAOCAI

中等职业学校机械类专业规划教材

机械基础

JIXIEJICHU

主　审：蒋红梅　肖　彬

主　编：刘孟军

副主编：黄　伟　邓　毅　张永东

参　编：李海伟　余光跃　邹小飞

　　　　金　彪　陈志强　吴连文

国家一级出版社　全国百佳图书出版单位

西南师範大學出版社

内容简介

本书根据最新的大纲要求，以及“适量、适用、够用、能学”的原则编写.除绪论外，本书共分八个项目，包括机械工程材料及其力学性能、工程力学基础、支承件、连接件、常用机构、机械传动、液压与气压传动以及制造部分等内容.本教材设计有练习题供学生学习巩固知识和技能，科学小常识开拓学生的视野.本书可以作为中等职业技术学校机械类项目及相关专业教材，也可以作为有关工程技术人员的自学用书和参考书及中等技术工人培训用教材.

图书在版编目(CIP)数据

机械基础/刘孟军主编.—重庆:西南师范大学出版社,2011.7(2013.8重印)

中等职业学校机械类专业规划教材

ISBN 978-7-5621-5362-7

Ⅰ.①机… Ⅱ.①刘… Ⅲ.①机械学—职业教育—教材 Ⅳ.①TH11

中国版本图书馆CIP数据核字(2011)第107887号

机械基础

主编:刘孟军

总 策 划:刘春卉　杨景罡

策　　划:李　玲

责任编辑:胡秀英　曾　文

封面设计:戴永曦

照　　排:文明清

出版发行:西南师范大学出版社

重庆·北碚　邮编:400715

网址:www.xscbs.com

印　　刷:重庆紫石东南印务有限公司

开　　本:787 mm×1092 mm　1/16

印　　张:10

字　　数:256千字

版　　次:2011年7月第1版

印　　次:2013年8月第2次

书　　号:ISBN 978-7-5621-5362-7

定　　价:20.00元

尊敬的读者，感谢您使用西师版教材！如对本书有任何建议或要求，请发送邮件至xszjfs@126.com.

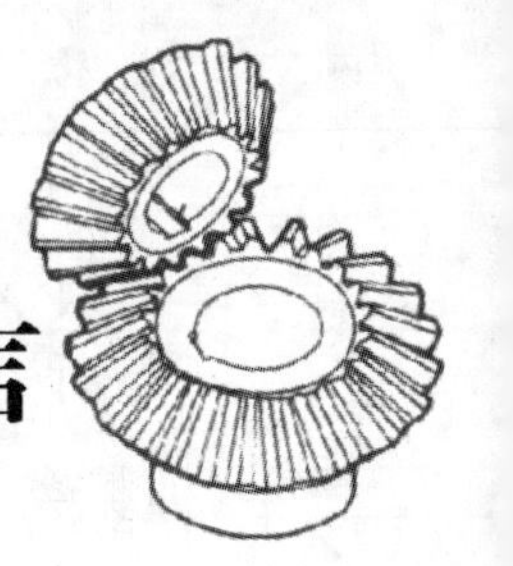

序言

XUYAN

教育部《关于进一步深化中等职业教育教学改革的若干意见》(教职成【2008】8号)明确指出:必须以邓小平理论和"三个代表"重要思想为指导,深入贯彻落实科学发展观,认真贯彻党的教育方针,全面实施素质教育;坚持以服务为宗旨、以就业为导向、以提高质量为重点,面向市场、面向社会办学,增强职业教育服务社会主义现代化建设的能力;深化人才培养模式改革,更新教学内容,改进教学方法,突出职业道德教育和职业技能培养,全面培养学生的综合素质和职业能力,提高其就业创业能力.

职业教育在教学工作中如何体现"以全面素质为基础,以职业能力为本位,以提高技能水平为核心"的教学指导思想,如何处理提高学生的文化素质与强化技能培训的关系、职业岗位需要与终身学习需要的关系以及扩大专业服务面向与加强职业岗位针对性的关系;在课程模式上,如何从具体国情出发,引进、借鉴国外经验,适应工学结合、校企合作等人才培养模式的需要,创新课程模式;在课程结构上,如何改变学科课程结构,实现课程的模块化、综合化;在教材建设中,如何改变传统的学科型教材,开发和编写符合学生认知和技能养成规律,体现以应用为主线,具有鲜明职业教育特色的教材体系及其配套的数字化教学资源.这些都是职教工作者需要思考的问题.

为了切实贯彻落实上述教学指导思想,西南师范大学出版社联合相关学会组织,邀请高校专家、中职一线教师及企业工程技术人员,结合重庆实际,注重应用性、普适性和前瞻性,以够用、实用为原则,共同开发编写了这套教材.

这套教材的特色在于,严格按照《教育部关于制定中等职业学校教学计划的原则意见》(教职成【2009】2号),紧密结合"机械类专业人才培养方案及教学内容体系改革的研究"与重庆市教育科学规划重点课题《重庆中等职业教育战略发展研究》的成果来编写.一方面把最新的技术信息和科研成果引入教材,有效避免了书本知识与实际应用之间脱节;另一方面严格遵照职业教育教学规律,运用较强的理论基础和典型的操作技能,把企业中最新发展的技术和知识结构灵活地固化为教学内容,保证教材的科学性和可接受性,充分反映区域和行业特色,紧贴社会实际,紧贴就业市场.

这次教材编写还注重突出以下几个方面：

1. 坚持以能力为本位，重视实践能力的培养，突出职业技术教育特色. 根据机械类专业学生所从事职业的实际需要，合理确定学生应具备的能力结构与知识结构，对教材内容的深度、难度做了较大程度的调整. 同时，进一步加强实践性教学内容，以满足企业对技能型人才的需求.

2. 根据科学技术发展，合理更新教材内容，尽可能多地在教材中充实新知识、新技术、新设备和新材料等方面的内容，力求使教材具有鲜明的时代特征. 同时，在教材编写过程中，严格贯彻最新的国家有关技术标准.

3. 努力贯彻国家关于职业资格证书与学历证书并重、职业资格证书制度与国家就业制度相衔接的政策精神，力求使教材内容涵盖有关国家职业标准（中级）的知识和技能要求.

4. 在教材编写模式方面采用项目教学，尽可能使用图片、实物照片或表格等形式将各个知识点生动地展示出来，力求给学生营造一个更加直观的认知环境. 同时，针对相关知识点，设计了很多贴近生活的导入和互动性训练等，意在拓展学生思维和知识面，引导学生自主学习.

学校是学生走向社会的起点，教材是教学的基础，没有高质量的教材，就不可能有高质量的教学. 希望这套中职机械类专业规划教材的编写出版，能提升中职学校机械类课程的教学水平，为中职学生专业发展和终身学习奠定基础！

前言

QIANYAN

《机械基础》是中等职业学校机械类专业的基础综合课程，包括机械工程材料及其力学性能、工程力学基础、支承件、支承件、常用机构，机械传动部分、液压传动等内容。学习与机械的相关知识和技能，为学习其他相关课程和从事专业生产技术工作奠定必要的知识和技能基础。

本书具有以下特色：

(1)结合岗位需要，增强趣味性。针对中等职业学校学生学习的特点、实训过程、工作岗位的需要，本教材在编写中遵循"适用、够用、好用"的原则，同时，每个小节配有科学小常识，增强教材的趣味性，拓宽学生知识面。

(2)新国标。采用最新的国家标准，内容上尽量做到简明扼要，力求做到文字精练、语言通俗易懂，举例实用。

(3)新理念。在编写过程中，我们借鉴了国外先进的职业教育理念，结合国内中职学生的教育特点，采用任务驱动的编写思路，强调理论与实践的结合、技能与岗位的结合，进行课程与教材的改革，从而提高教学质量和技能水平。

本课程教学总时数为92(包含机动课时22学时)学时，具体见课时分配表：

课时分配表

章节		内容	学时数
		绪论	1
项目一　机械工程材料及其力学性能	任务一	金属材料	3
	任务二	金属材料的力学性能和工艺性能	3
项目二　工程力学基础	任务一	静力学的基本概念和原理	4
	任务二	直杆的变形分析	4
项目三　支承件	任务一	轴和轴承	4
项目四　连接件	任务一	键与销	4
	任务二	弹簧	2
	任务三	联轴器、离合器和制动器	4

章节		内容	学时数
项目五　常用机构	任务一	铰链四杆机构在生活中的应用	4
	任务二	凸轮机构的应用及分类	2
项目六　机械传动	任务一	带传动	2
	任务二	齿轮传动	4
	任务三	轮系和减速器	4
项目七　液压与气压传动	任务一	液压传动原理	3
	任务二	液压系统的动力元件	2
	任务三	液压系统的执行元件	2
	任务四	液压系统控制元件	2
	任务五	液压回路	2
	任务六	气压传动	2
项目八　制造部分	任务一	机床简介	3
	任务二	常用的刀具和夹具	3
	任务三	零件的工艺分析及加工	6
机　动			22
总计			92

全书共分8个项目，由重庆市立信职业教育中心刘孟军担任主编，编写项目一、项目二、项目五的任务一，并对全书改稿、统稿；重庆市立信职业教育中心黄伟编写项目五的任务二、项目六、项目七；重庆市立信职业教育中心邓毅编写绪论；重庆市立信职业教育中心李海伟编写项目三；重庆市立信职业教育中心余光跃编写项目四；重庆市立信职业教育中心邹小飞、陈志强编写项目八；重庆市立信职业教育中心张永东、金彪、吴连文、田何平负责图形处理；重庆市立信职业教育中心蒋红梅、肖彬担任主审。本教材在编写的过程中得到了西南师范大学出版社的老师、专家的帮助和指点，在此表示感谢！

由于编写水平有限，编写时间匆忙，疏漏之处恳请专家及读者批评指正。

编　者

目录

MULU

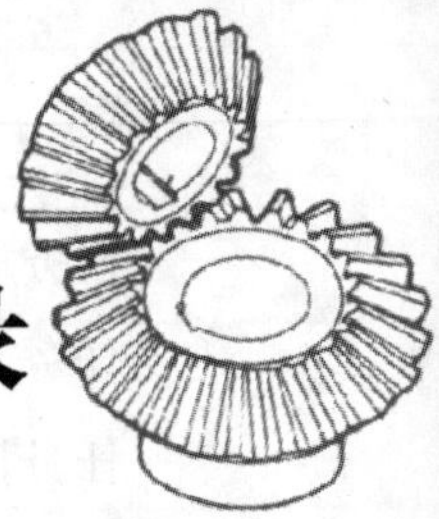

绪论

图 0-1

图 0-2

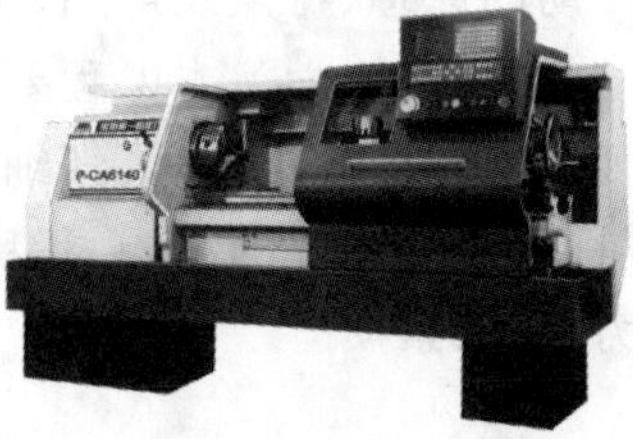

图 0-3

在初中的物理中我们学习了简单机械的相关知识，研究了杠杆的平衡等内容，如图 0-1、图 0-2. 现在我们要研究机械基础，那么到底什么是机械，如图 0-3 所示，机械基础是一门怎样的课程，研究的任务又是什么？

任务目标

一、知识目标

1. 了解机械、机器、机构、构件、零件的概念.

2. 了解本课程学习任务和学习要求.

二、能力目标

初步认识机械、机器、机构、构件、零件.

知道本课程的学习内容，懂得学习的要求.

相关知识

一、对课程的认识

(一) 本课程的性质和任务

机械基础是中等职业学校机械类专业一门综合性较强的专业基础课程.

本课程的任务：通过本课程的学习和实训，要求掌握必备的机械基础知识和基本技能，懂得机械工作的原理；了解常用材料的性能，准确表达机械技术要求，正确操作机械设备；培养分析问题和解决问题的能力，养成良好的学习习惯，具备继续学习专业技术的能力；树立良好的职业意识和职业道德，形成严谨、敬业的工作作风，为今后解决生产问题和职业发展奠定基础.

(二) 本课程的内容、基本要求和学习方法

本课程内容:绪论、机械工程材料及其力学性能、工程力学基础、支承件、连接件、常用机构、机械传动、液压传动、机械制造部分等;在章节后面我们安排了课堂检测,其目的是帮助学生巩固基础知识,具备基本能力,加强技能训练;另外我们还设置了科学小常识,开阔视野,增长知识,养成爱科学、学科学的良好习惯.

本课程的基本要求:要求同学们掌握对构件进行受力分析的基本知识,会判断直杆的基本变形;了解机械工程常用材料的种类、牌号、性能等基本知识,会正确选用材料;掌握支承件的类型特点及应用;掌握连接件的类型、特点及应用;熟悉常用机构的结构和特征;了解液压传动的原理、特点及应用;了解机械制造的机床结构、刀具和常见零件的加工工艺等.

学习方法:学习本课程要贯彻"理论联系实际"的学习原则.一要多看教材;二要专心听老师讲授理论知识;三要仔细观察日常生活、生产中的机械设备,想想它所用的材料、承受载荷的能力,分析它的结构、运用原理;四要多动手做技能训练;五要多做练习,巩固知识、培养能力、提高素质.

二、基本概念

图 0-4

图 0-5

图 0-6

1. 机器

机器是执行机械运动的装置,由动力部分、工作部分、传动装置和控制部分组成,用来变换或传递物料与信息.如摩托车、汽车、机床、打印机、电脑等,如图 0-4～图 0-6 所示.

机器的特征:(1)任何机器都是由许多构件组合而成的;(2)各运动实体之间具有确定的相对运动;(3)能实现能量的转换、代替或减轻人类的劳动,完成有用的机械功.

机器:就是人为的实体(构件)的组合,它的各部分之间具有确定的相对运动并能代替或减轻人类的体力劳动,完成有用的机械功或实现能量和信息的转换.

按用途分类:机器分为发动机(原动机)和工作机.发动机(原动机)是将非机械能转换成机械能的机器.工作机是用来改变被加工物料的位置、形状、性能、尺寸和状态的机器.

2. 机构

机构是用来传递运动和力的构件系统,如图 0-7 所示.机器与机构的区别:机器的主要功用是利用机械能做功或实现能量的转换;机构的主要功用在于传递或改变运动的形式.

机器和机构总称机械.

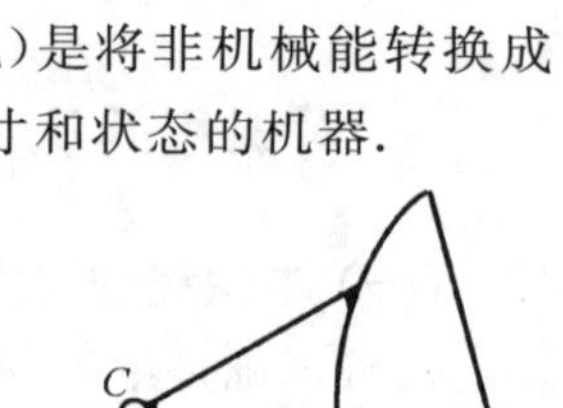

图 0-7

3. 构件

构件是机构中的单元体,也就是相互之间能做相对运动的物体.构件按其运动状况,可分为固定构件和运动构件.

4.零件

零件是构件的组成部分,如图 0-8 所示.

构件和零件的区别在于:构件是运动的单元,零件是加工制造的单元.

总之,机器由机构组成,机构由构件组成,构件可能是由一个或是多个零件组成,但这些零件之间没有相对的运动.

图 0-8

课堂检测

一、填空

1.构件是指相互之间作相对__________的单元.

2.零件是机械系统__________单元.

3.机构是人工的构件组合,各部分之间具有确定的__________.

二、选择题

1.机械基础是一门机械专业(　　)基础课.

A.必修的　　B.综合的　　C.理论的　　D.选修的

2.常用的机械设备和工程部件都是由许多(　　)组成的.

A.零件　　B.构件　　C.钢件　　D.合金钢

3.机器由若干个(　　)组成.

A.零件　　B.部件　　C.传动件　　D.齿轮

技能训练

拆开一个玩具小汽车,看看它是由哪些部分组成,能量是怎么转换的.

科学小常识

中国古代机械发展史

中国是世界上机械发展最早的国家之一,在动力利用和机械结构设计上独具特色,如指南车、地动仪和被中香炉等.

一、冶金技术和机械加工的发展

40 万～50 万年前,出现了加工粗糙的原始工具,4 万～5 万年前出现的磨制技术使器具较为光滑.机械方面最早的一项发明是 2.8 万年前的弓箭,公元前 8000 年～公元前 2800 年期间出现了陶轮(制陶用转台),石制农具大约出现在公元前 6000 年～公元前 5000 年.夏代、殷商和西周时期，先后出现了无辐条的辁、有辐条的车轮，以及精致的两轮车，而独木舟和筏等水上运输工具早就相继出现.新石器时代晚期，人们已能用石范和泥范铸造简陋的工具和武器.殷商时期形成了灿烂的青铜文化，已发现的中国最早的青铜器距今大约4800年.

春秋至魏汉时期(公元前770年～公元265年)是中国古代机械开始较快发展的时期，先后出现了铁器和生铁冶铸技术、失蜡铸造法、低熔点合金铸焊技术、叠铸、锚链铸造工艺，铸铁热处理技术也有所发展.春秋时期用于控制射击的弩机已是比较灵巧的机械装置.到汉代，弩机的加工精度和表面光洁度已达到相当高的水平.汉弩有一石至十石等八种规格，这些规格的形成表明机械制造标准在汉代已初步确立.

现存最早的手工艺专著是战国时期流传的《考工记》，其中对车轮、弓箭和汉代的楼船等的制造工艺都有详细的记载.

二、交通运输工具不断发展和复杂传动机构的出现

1980年出土的秦始皇陵铜车马代表了当时铸造技术、金属加工工艺和组装工艺的水平.

机械装置方面，较为成熟的是不同形状和用途的齿轮和齿轮系.如东汉时期张衡设计的世界上第一台地震仪——候风地动仪；三国时期出现的带有自动离合装置的指南车，说明传动机构齿轮系已发展到相当的程度；唐末时期的机械制造已有较高水平，机械加工精度高，如西安出土的唐代银盒.

纺织机械方面，东汉时期的纺织技术和纺织机械也不断发展，绫机已成为相当复杂的纺织机械.50综12蹑和60综12蹑绫机的出现使生产效率大大提高.

运输工具方面，人力和水力并用在技术上有进一步发展，如南朝齐祖冲之所造日行百里的千里船、南朝梁侯景军中的160桨快艇、南北朝时期的车船和唐代李皋改进的车船等.水力机械也有新的进展，唐代已有筒车，南宋末期又创造出先进的水转大纺车，三摧、五摧(锭)手摇纺车曾是当时世界上比较先进的人力纺纱机具，元代薛景石所著的《梓人遗制》中有详细记载.明初的造船业已有很大进展，郑和下西洋的船队是当时世界上最大的船队.

天文和计时仪器方面，北宋苏颂和韩公廉等制成的水运仪象台代表了当时机械制造的高度水平，是当时世界上先进的天文钟.元代的滚柱轴承也属当时世界上先进的机械装置.

项目一　机械工程材料及其力学性能

日常生活中，我们看到过很多的机器，如图 1-1 所示，当看到这些机器时，你想过它们都是用什么材料做成的，这些材料都有些什么样的性能吗？

图 1-1

任务一　金属材料

任务目标

一、知识目标

1. 掌握碳素钢、合金钢、有色金属的分类、牌号、性能和应用.
2. 熟悉常用金属材料的选用原则.
3. 掌握有色金属的种类、牌号、用途和性能.

二、能力目标

识别常用钢铁材料和有色金属材料的牌号，熟悉这些材料的性能，并能灵活应用.

相关知识

一、钢铁材料

材料是机械的物质基础. 任何机械或机器都是用金属或者非金属材料制成的. 机械工程中常用的材料有：钢铁材料、有色金属材料和非金属材料.

钢铁材料是钢和铸铁的统称.钢以铁为主要元素，其次就是含量一般在2%以下的碳，再次就是合金钢中含有的合金元素.铸铁是含碳量大于2.11%的铁碳合金.根据化学成分含量不同，钢分为非合金钢、低合金钢和合金钢.

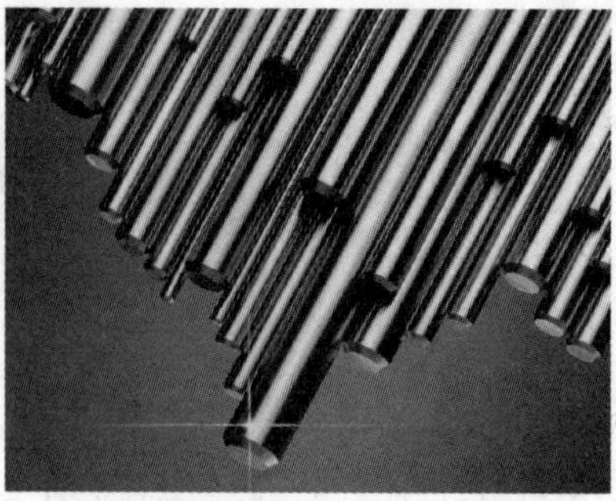

图 1-2

(一) 非合金钢(碳素钢)

非合金钢也称为碳素钢或碳钢，如图 1-2 所示，含碳量小于2%.其中含有有害杂质硫、磷，有利杂质硅、锰.

碳素钢的分类常有三种方法，见表 1-1.

表 1-1 碳素钢的分类

分类方法	类型	含碳量或杂质S、P的含量
按含碳量分	低碳钢	$W_C \leqslant 0.25\%$
	中碳钢	$W_C > 0.25\% \sim 0.6\%$
	高碳钢	$W_C \geqslant 0.6\%$
按质量等级分	普通质量碳素钢	$W_S \geqslant 0.045\%$, $W_P \geqslant 0.045\%$
	优质碳素钢	
	特殊质量碳素钢	$W_S \leqslant 0.02\%$, $W_P < 0.02\%$
按用途分	碳素结构钢	
	碳素工具钢	

1.碳素结构钢

碳素结构钢主要用于制作一般的工程机构和机械零件，一般是低、中碳钢，包括普通碳素结构钢、优质碳素结构钢和铸钢.常用碳素结构钢的种类、牌号、力学性能及应用举例见附表 1.

普通碳素钢的牌号由屈服点的汉语拼音首字母"Q"加屈服点表示，例如 Q235 表示屈服强度不小于 235MPa 的普通碳素结构钢；优质碳素结构钢的牌号用两位数字表示，这两位数字表示钢中平均含碳量的万分数，例如 45 钢，表示平均 $W_C=0.45\%$的优质碳素结构钢；铸钢的牌号用"铸"和"钢"两个汉语拼音首字母"ZG"加两组数字表示，第一组数字表示屈服点的最低值，第二组数字表示抗拉强度的最低值，例如 ZG200-400，表示屈服强度不小于 200MPa，抗拉强度不小于 400MPa 的铸钢.

2.碳素工具钢(图 1-3)

碳素工具钢主要用于制作刀具、量具和模具，一般属于高碳钢.碳素工具钢的牌号、力学性能和应用举例见附表 2.

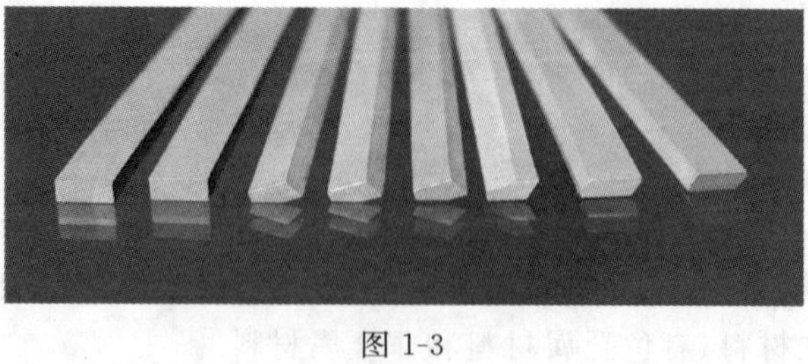

图 1-3

碳素工具钢的牌号用"碳"的拼音首字母"T"加上数字表示，数字表示钢的平均含碳量的千分数．例如 T12 钢，表示 $W_C=1.2\%$的碳素工具钢．

（二）合金钢（图 1-4）

在碳钢的基础上加入其他元素得到合金钢，加入的其他元素称为合金元素，如硅、锰、铬、镍、钨等．虽然合金钢的成本提高了，但是其性能也得到了提升．

合金钢按用途分为合金结构钢、合金工具钢和特殊性能钢．

图 1-4

合金结构钢主要用于制造重要的机械零件和工程机构．其牌号采用两位数字加元素符号和数字表示，前面两位数字表示钢的平均含碳量的万分数，元素符号表示钢中所含的合金元素．当合金元素的平均含量小于 1.5%时，只标元素符号，不标含量．例如 60Si2Mn，表示平均碳含量为 0.6%，含硅量 2%，含锰量小于 1.5%．常见合金钢结构的种类、牌号、力学性能及应用举例见附表 3．

合金工具钢主要用于制作重要的工具，它是在碳素工具钢的基础上加入其他元素制成的．其牌号和表示方法与合金结构钢相似，如 9SiCr 表示平均含碳量为 0.9%，硅铬的含量都小于 1.5%．常见合金工具钢的种类、牌号、力学性能及应用举例见附表 4．

特殊性能钢：具备特殊的物理或化学性能，用于有特殊要求的零件．如不锈钢、耐热钢等．常见特殊性能钢的种类、牌号、力学性能及应用举例见附表 5．

（三）铸铁

铸铁是含碳量大于 2.11%并含有较多硅、锰、硫、磷等元素的多元铁基合金．铸铁具有许多优良的性能及生产简便、成本低廉等优点，因而是应用最广泛的材料之一．

碳在铸铁中的主要存在形式有渗碳体和石墨两种．碳绝大多数以渗碳体形式存在的铸铁称为白口铸铁（断口是银白色）；碳主要是以石墨形式存在的称为灰口铸铁（断口是灰色）．灰口铸铁根据石墨形态的不同又分为灰铸铁、球墨铸铁（图 1-5）、可锻铸铁和蠕墨铸铁，石墨的形态分别是片状、球状、团絮状以及蠕虫状．

图 1-5

常见铸铁的种类、牌号、力学性能及应用举例见附表 6．

灰铸铁的牌号是"HT"和一组数字组成．数字表示最低抗拉强度值，单位为 MPa；"HT"表示灰铸铁代号．如牌号 HT150 表示最小抗拉强度值为 150MPa 的灰铸铁．

球墨铸铁的牌号是"QT"和两组数字组成．第一组数字表示最低抗拉强度值，单位为 MPa；第二组数字表示最低断后伸长率值的分数．"QT"是球墨铸铁的代号，例如 QT600-3 表示最低抗拉强度值为 600MPa，最低断后伸长率为 3%的球墨铸铁．

蠕墨铸铁的牌号是"RuT"和一组数字组成，数字表示最低抗拉强度值，单位为 MPa；"RuT"表示蠕墨铸铁代号，例如牌号 RuT260 表示最低抗拉强度为 260MPa．

可锻铸铁的牌号是"KTH"和两组数字（"KTB"和两组数字或者"KTZ"和两组数字）组成，例如牌号 KTH300-06 表示最低抗拉强度为 300MPa，最低断后伸长率为 6%的黑心可锻铸铁．

(四) 机械工程材料的选用原则

1. 使用性原则:指所选的材料必须适应工作状况,并能达到令人满意的使用要求. 这是材料选择首先要考虑的问题.

2. 工艺性原则:指所选的材料要具有良好的加工工艺性能,进而降低制造的难度和制造的成本.

3. 经济性原则:在材料满足零件的使用性和工艺性原则的前提下,所选材料还必须满足原材料和工艺成本最低的要求,以便获得良好的经济效益,即获得较高的性价比.

二、有色材料

在工业生产中应用的材料,除了钢铁材料以外的金属材料,统称为有色金属材料. 有色金属材料具有某些独特的性能和优点,它们是现代工业中不可缺少的金属材料. 常见的有色金属材料有铝及铝合金、铜及铜合金、轴承合金和钛及钛合金.

(一) 铝及铝合金

纯铝的强度没有铝合金的强度高,纯铝是一种银白色的金属,铝及铝合金都具有密度小、质量轻、导电性好、耐腐蚀性好等特点,在航空航天、机械和轻工业中具有广泛的应用.

纯铝的代号由“L”和顺序号组成. 如 L2 表示二号纯铝.

铝合金(图 1-6)按其成分和工艺性能,可以分为变形铝合金和铸造铝合金两大类. 变形铝合金按其主要性能和用途分为防锈铝合金(代号 LF)、硬铝合金(代号 LY)、超硬铝合金(代号 LC)和锻铝合金(代号 LD).

图 1-6

(二) 铜及铜合金

纯铜外观为紫色,俗称紫铜. 具有良好的导电性能、导热性能和耐腐蚀性能,塑性好,但强度和硬度较低. 其代号用“T”和顺序号组成. 如 T1 表示一号铜. 顺序号越大杂质越多.

铜合金(图 1-7)根据加入的元素不同,分为黄铜、青铜和白铜. 工业中常见的是黄铜和青铜.

黄铜是以锌为主加元素的铜合金,因色黄而得名. 黄铜敲起来音响很好,常制成铃、锣和号等. 黄铜分为普通黄铜和特殊黄铜. 普通黄铜是仅由铜和锌组成的合金. 牌号用“H”和数字表示,“H”代表黄铜,数字代表铜的质量分数. 例如 H70 表示铜的质量分数为 70%的铜锌合金,常用于制造弹壳,H62 常用于制作弹簧、垫圈、金属网等.

图 1-7

在普通黄铜中加入其他合金元素所组成的铜合金称为特殊黄铜. 加入的元素有锡、硅、铅、铝等,分别称为锡黄铜、硅黄铜、铅黄铜和铝黄铜. 特殊黄铜的牌号用“H”和主加元素的化学符号以及数字表示,其数字分别表示铜和主加入元素的质量分数. 如 HPb59-1 表示铅黄铜,铜的质量分数为 59%,铅的质量分数为 1%,主要用于制造大型轴套、垫圈等.

青铜是指铜与锌和镍以外的元素组成的合金. 按化学成分的不同,分为普通青铜(锡青铜)和特殊青铜(无锡青铜)两类. 普通青铜的牌号用“Q”和主要元素的化学符号、质量分数及数字表示;铸造青铜的牌号用“Z”和基体金属铜的化学元素符号“Cu”表示.锡青铜具有耐磨、耐蚀和良好的铸造性能等优点,用于制造涡轮、轴承和弹簧等;特殊青铜主要用于制造高强度、耐磨零件,如轴承、齿轮等.另外还有白铜,其表面很光亮,不易生锈,主要用于制作精密仪器、仪表中耐蚀零件及电阻器、热电偶等.

(三)轴承合金

在滑动轴承中,制造轴瓦及其内衬的合金,称为轴承合金.常用的轴承合金有锡基、铅基、铝基轴承合金.

锡基轴承合金(图1-8)以锡为主,加入锑、铜等元素,硬度适中、减摩性好、塑性韧性好、耐腐蚀性好、膨胀系数小,在汽车、拖拉机、汽轮机等机械的高速轴上应用较广.

铅基轴合金以铅、锑为主,加入锡、铜等元素,其性能比锡基轴合金要差一点,故用于中低速、中等载荷的轴承.

铝基轴承合金以铝为基础,加入了锑和镁,主要用于低速柴油机的轴承上.

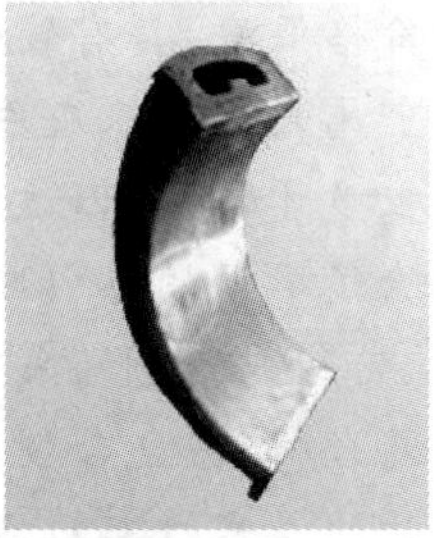

图1-8

课堂检测

一、填空

1.钢是含碳量________的碳铁合金.钢中还含有少量的________杂质,其中________是有害元素.

2.常用的轴承合金有__________、__________、__________.

3.黄铜是以__________为主要元素的铜合金.H70是铜含量为__________、锌含量为__________的黄铜.

4.生产轴、连杆类零件要用__________钢,这类钢中含碳量为__________.合金弹簧钢中含碳量为__________,钢中加入的主要元素有__________.

二、选择

1.使钢产生热脆性的元素是(　　).

A. S　　B. Si　　C. P　　D. K

2. T8钢的碳含量为(　　).

A. 0.08%　　B. 0.8%　　C. 8%　　D. 80%

3.生产机床主轴选择下列(　　)钢.

A. 20CrMnTi　　B. 40Cr　　C. 60Si2Mn　　D. T13A

4.可锻铸铁中石墨的形态为(　　).

A.片状　　B.团絮状　　C.球状　　D.粒状

5.钟表齿轮常用(　　)制造.

A.黄铜　　B.青铜　　C.白铜　　D.铝

技能训练

我们怎么凭肉眼判断碳元素以渗碳体形式存在的铸铁和碳元素以石墨形式存在的铸铁?

科学小常识

补牙材料知多少

补牙时牙齿上的充填体有的是黑色的，有的是白色的，也有的是和牙齿颜色类似的. 这些补牙材料究竟有什么区别，各自的特点又如何呢？

银汞合金：最经典的补牙材料，由银、锡、铜组成的合金粉与汞发生反应生成的合金. 其价格低廉，具有较强的抗压强度，且耐磨，比较适合后牙的充填，但是其颜色不够美观，具有金属光泽的银灰色，因此很少用于前牙. 银汞合金没有黏结性，多依靠机械固位，常需要磨除较多牙体组织，适合一些形状较规则的龋洞，现逐渐被一些其他具有黏结性的材料所替代. 除了罕见的可引起变态反应外，银汞合金中汞的含量不会对健康产生不良影响.

复合树脂：目前牙体充填修复最主要的选择，由有机树脂和无机填料组成的一种高分子复合材料. 复合树脂具有黏结性，色泽美观（其颜色可与天然牙相媲美）等特点，非常适合前牙的美容性充填修复. 而近几十年来，复合树脂在树脂基质、固化体系和填料种类上有了很大的进步，机械强度和耐磨性大大提高，逐步取代银汞合金而用于后牙的充填.

牙科水门汀：以金属氧化物或金属盐为粉剂与专用液剂调和而成的无机非金属充填材料. 机械性能较差，大多用于牙齿的暂时充填和垫底（隔绝表层充填物对牙神经的刺激），包括氧化锌丁香酚水门汀、磷酸锌水门汀、聚羧酸锌水门汀和玻璃离子水门汀等. 但近年来开发的一些新型的金属增强的玻璃离子水门汀，以及树脂改性的玻璃离子水门汀在抗折性能和耐磨性能上有了很大的改善，在一定程度上可以用于牙齿的永久充填.

复合体：一种用聚酸改性的复合树脂，结合了复合树脂与玻璃离子水门汀的化学性质. 这种材料也依靠黏结原理固位，且可释放一定量的氟，具一定的防龋功能. 价格较复合树脂便宜，但耐磨性、色泽等较复合树脂差，多用于较低的压力承受区的修复，以及乳牙的修复.

任务二　金属材料的力学性能和工艺性能

金属是机器的物质基础，性能是选择材料的主要依据. 金属材料的性能一般分为工艺性能和使用性能. 工艺性能是在金属材料进行工艺加工的过程中体现出来的. 使用性能是金属材料在使用条件下表现出来的性能，包括物理性能、化学性能和力学性能. 在初中的物理和化学中我们已经研究了金属材料的物理性能和化学性能，本节主要是任务研究金属材料的力学性能和工艺性能.

任务目标

一、知识目标

了解工程材料的力学性能和工艺性能指标.

二、能力目标

培养学生了解材料、认识材料和使用材料的能力.

相关知识

一、金属材料的力学性能

金属材料在外力作用时表现出来的性能，称为金属的力学性能. 在机械设备及工具的制造中，选用金属材料时，大多以力学性能为主要依据. 金属材料的力学性能包括金属材料的强度、塑性、硬度、韧性和疲劳强度等.

1. 强度

金属在静载荷作用下，抵抗塑性变形或断裂的能力称为强度. 工程中最常用的强度指标有屈服强度和抗拉强度，按外力作用的性质不同分为屈服强度 σ_s、抗拉强度 σ_b、抗压强度 σ_{bc}、抗剪强度 τ_b 等.

屈服强度代表材料抵抗塑性变形的能力，抗拉强度代表材料抵抗拉断的能力. 材料的强度越高，所能承受载荷的能力越大.

2. 塑性

金属材料在载荷作用下，在断裂前材料发生不可逆转变形的能力称为塑性. 常用的塑性指标有断后伸长率 δ 和断面收缩率 ψ.

$$\delta = (l_1 - l_0)/l_0 \qquad \psi = (F_0 - F_1)/F_0$$

δ 和 ψ 的数值越大，表明材料的塑性越好. 塑性良好的金属材料可进行各种塑性加工.

3. 硬度

硬度是指金属材料抵抗局部变形，特别是抵抗塑性变形、压痕或划痕的能力. 可用硬度实验机测定，常用的硬度指标有布氏硬度 HBW、洛氏硬度（HRA、HRB、HRC 等）和维氏硬度 HV（表 1-2）. 金属材料的硬度越高，则材料的耐磨性越好.

表 1-2 常见的硬度种类

实验	压头	压头形状		硬度计算公式	备注
		左视图	仰视图		
布氏硬度	10mm 钢球或碳化钨球	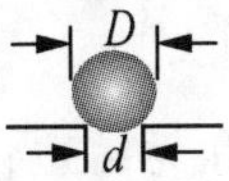	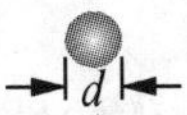	$HB=\frac{2P}{\pi D(D-\sqrt{D^2-d^2})}$（$P$ 为载荷）	$0.25D < d < 0.6D$ 有效
维氏（显微）硬度	金刚石棱锥			$HV=1.854\,P/d_1^2$（P 为载荷）	维氏硬度与显微硬度所用载荷不同
洛氏硬度	金刚石圆锥直径 $\frac{1}{16}$，$\frac{1}{8}$，$\frac{1}{4}$，$\frac{1}{2}$ in*.（HRA 或 HRC）	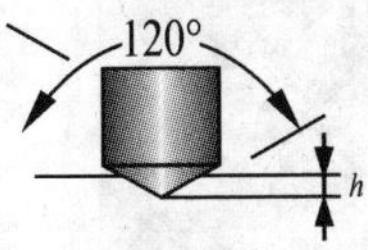		$HR=\frac{k-h}{0.002}$（k 为常数）	应用范围 HRA 70—85 HRB 25—100 HRC 20—67
	钢球（HRB）	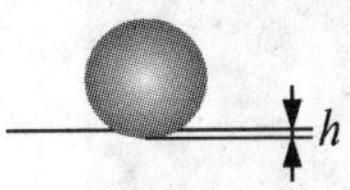			

注 *：1in＝25.4mm

4. 韧性

实际生产中，许多零件会受到冲击载荷的作用，如液压锤锤头对工件施加的冲击载荷. 冲击载荷要比静载荷的破坏力大得多.

材料在冲击载荷作用下抵抗变形和断裂的能力称为韧性. 韧性指标用冲击韧度 α_K 表示. 金属在多次小能量冲击下，抗冲击能力主要取决于材料的强度和塑性；在大能量少次数冲击载荷作用下，抗冲击能力主要取决于冲击韧度，冲击韧度越大，材料的抗冲击能力越强.

5. 疲劳强度

齿轮、弹簧、轴等零件在受到大小与方向随时间变化的交变载荷作用时，会在最大工作应力小于抗拉强度 σ_b，甚至小于屈服强度 σ_s 的情况下突然断裂. 疲劳是指材料在低于屈服强度的交变应力长时间的作用下发生裂纹或断裂的过程. 疲劳强度指标用疲劳极限 σ_{-1} 表示，在同样的交变应力作用下，疲劳极限大的材料寿命长. 一般认为，由于材料表面与内部的缺陷（夹杂、划痕、尖角等）造成局部应力集中，形成微裂纹，随应力循环次数的增加，微裂纹逐渐扩展，使零件的有效承载面积逐渐减小，以至于最后承受不起所加载荷而突然断裂，如图 1-9 所示.

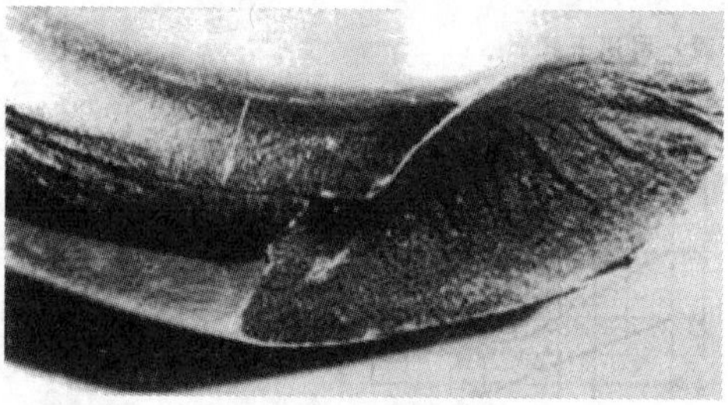

图 1-9

通过合理选材，改善材料的结构形状，避免应力集中，减小材料和零件的缺陷，提高零件表面光洁度，对表面进行强化、喷丸处理等可以提高材料的疲劳强度.

二、金属材料的工艺性能

金属材料的工艺性能是指在各种条件下表现出来的适应能力，包括铸造性、锻压性、焊接性和可加工性等.

1. 铸造性

金属材料能否用铸造方法制成优良铸件的性能，称为铸造性. 铸造性主要取决于金属材料熔化后金属液体的流动性、冷却时的收缩率等. 不同的金属材料，其铸造性差异较大. 常用金属材料中，灰铸铁具有优良的铸造性，铸钢的铸造性低于铸铁，铸造铝合金和铸造铜合金的铸造性也较好. 如图 1-10 所示就是铸造.

图 1-10

2.锻压性

金属材料能否用锻压方法制成锻压件的性能，称为锻压性和可锻性.

锻压性一般与材料的塑性及其塑性变形抗力有关.在一般情况下，材料塑性好，变形抗力小，则锻压性好.低碳钢的锻压性最好，中碳钢次之，低合金的锻压性近似于中碳钢，高合金钢的锻压性比碳钢差.如图1-11所示就是锻压.

图1-11

3.焊接性

金属材料在一定焊接条件下，是否易于获得优良焊接接头的能力，称为焊接性.它取决于焊缝是否产生裂纹、气孔等.焊接性好的材料易于用一般的方法焊接，焊接时不易产生裂纹、气孔等缺陷，焊缝接头有一定的力学性能.低碳钢有较好的可焊接性，高碳钢较差，铸铁更差，铜、铝合金的可焊接性一般都比碳钢差.如图1-12所示就是焊接.

图1-12

4.可加工性

金属材料切削加工的难易程度，称为可加工性或切削性.可加工性好的金属材料，在切削加工时刀具磨损小，加工表面好.一般认为，硬度过高或过低的金属材料，其切削加工性较差.如图1-13所示就是切削加工.

图1-13

课堂检测

一、填空

1. 金属材料的力学性能是指在载荷作用下其抵抗__________或__________的能力.

2. 金属材料塑性指标主要有__________和__________两种.

3. 疲劳强度是表示材料经__________作用而__________的最大应力值.

4. 材料的工艺性能有__________、__________、__________、__________、__________.

二、选择题

1. 在测量薄壁工件硬度时,常用的硬度测试方法的表示符号是(　　).

A. HB　　B. HR　　C. HV　　D. HS

2. 金属材料在载荷作用下抵抗变形和破坏的能力叫(　　).

A. 强度　　B. 硬度　　C. 塑性　　D. 弹性

3. 表示金属材料屈服强度的符号是(　　).

A. σ_c　　B. σ_b　　C. σ_s　　D. σ_{-1}

技能训练

请同学们到工厂里的铸造车间、锻压车间、车削车间、焊接车间观察毛坯或者零件的制造过程并简单动手体验.

科学小常识

中科院造出神奇"纳米布"

2006年11月5日,中国科学研究院化学所专家宣布成功研制出一种不粘油污、不粘水的新型纳米材料——超双疏性界面材料,这标志着中国在纳米材料研制方面的又一新突破.纳米是一种长度单位,一纳米等于十亿分之一米,相当于几十个原子的长度.科学家发现,当材料组成的精度达到纳米级时,物质就能表现出一些新特性,从而为新材料的产生创造了条件.最具有说明性的例子就是,改变碳原子的排列结构,能把廉价的石墨变成价值连城的钻石.因此,纳米技术是当今各国科技界竞争的焦点.超双疏性界面材料具有超疏水性及超疏油性.无论怎样向这种新材料上倾倒油污(包括墨水、酱油、菜汁),它都纤尘不染.它的诞生可使石油工人的衣服不再油渍斑斑,也使研制和生产水陆两用服成为可能.如果将这一材料用于建筑物表面,还具有自清洁和防雾、防霜效果.据悉,在纳米技术这一21世纪尖端材料的研究中,我国目前暂居第四位.中国科学研究院已决定投资5000万元,将纳米研究提高到一个新的水平.

项目二 工程力学基础

在中学我们学习了物理，知道了力的基本概念和几种常见的力. 在机械中存在的许多构件之间也同样存在相互的作用力，构件的静力分析是选择构件材料、确定构件外形尺寸的基础. 那么构件间的这些力遵循怎样的规律，这些力对构件产生怎样的影响呢？如图 2-1.

图 2-1

任务一 静力学的基本概念和原理

任务目标

一、知识目标

1. 了解力、刚体、二力构件、力矩、力偶的概念.
2. 掌握静力学公理.
3. 掌握约束、约束力及其种类，会作杆件的受力图.

二、能力目标

1. 能分析物体的受力.
2. 能进行平面力系问题的基本计算.

相关知识

一、静力学

(一) 力、力系和刚体

力是物体对物体的作用. 力的作用效果或是改变物体的运动状态(外作用效应)，或是使物体发生形变(内作用效应).力的三要素决定力的作用效应,力的大小、力的方向和力的作用点.力系是指作用于物体上的一组力.杆件的静力分析是在杆件受力系作用而处于平衡状态时进行的.刚体是在力的作用下形状和大小都保持不变的物体(一般情况下,变形很微小的物体我们也把它视为刚体).

(二)静力学公理

1.二力平衡

作用于同一刚体上的大小相等、方向相反且在同一条直线上的两个力即构成二力平衡.只受两个力作用而平衡的构件为二力构件,二力构件与它的形状无关,如图 2-2 所示.

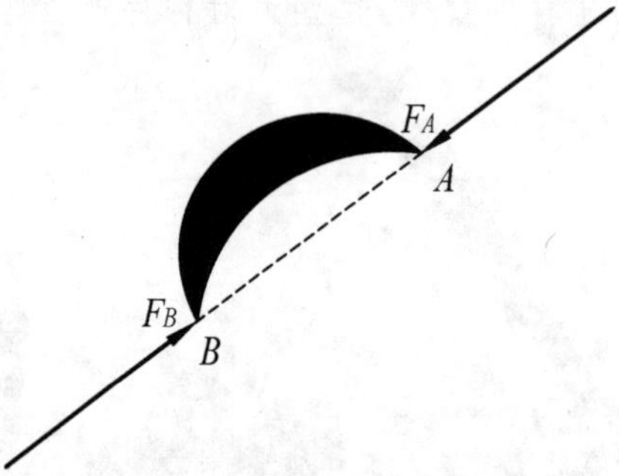

图 2-2

2.加减平衡力系

在原有力系上加上或减去任意一个平衡力系,并不改变原力系对刚体的作用效果.

推论 力的可传性 力可沿其作用线在刚体内任意移动,如图 2-3 所示.

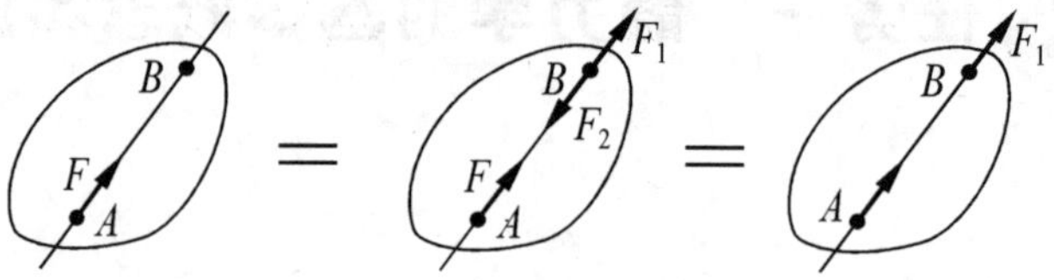

$F_1=-F_2=F$

图 2-3

3.二力合成的平行四边形法则

作用在同一点的两个力可合成为一个合力,其作用点不变,大小和方向由平行四边形的对角线确定,如图 2-4 所示.

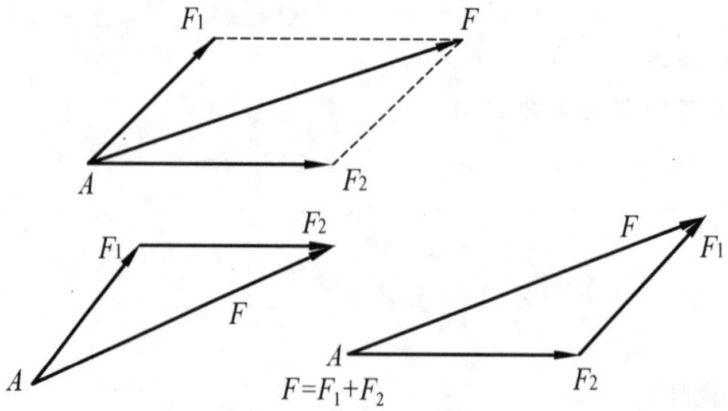

$F=F_1+F_2$

图 2-4

推论 三力平衡汇交 若刚体上三个力平衡且其中两个力汇交于一点，则第三个力必在前两个力所在平面内，并且它的作用线必定通过这个汇交点，如图 2-5 所示.

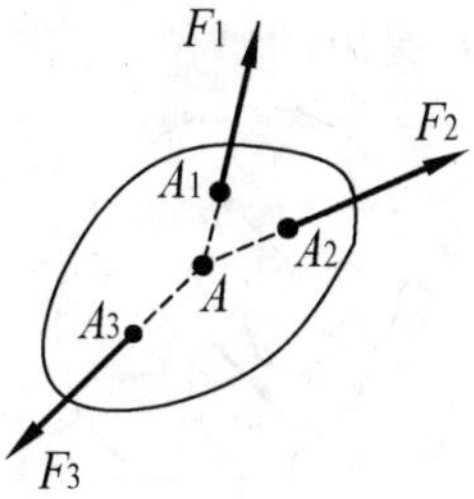

图 2-5

4. 作用力和反作用力

两物体之间的相互作用力总是大小相等、方向相反，并且沿同一直线分别作用在两个物体上.

5. 刚化原理

若将处于平衡状态的变形体刚化为刚体，则平衡状态保持不变，如图 2-6 所示.

图 2-6

二、力矩、力偶和约束

(一) 力矩

在中学的物理中我们学习了杠杆的平衡条件：动力×动力臂＝阻力×阻力臂，并且知道杠杆若不平衡就会转动. 在力学中，我们称力与力臂的乘积为力矩，力矩是对物体转动效应的度量. 如图 2-7 所示用 $M_0(F)$ 表示 F 对 O 点的力矩，点 O 称为矩心，矩心到力的作用线的垂直距离 d 称为力臂，即 $M_0(F)=F\cdot d$. 为了计算，我们规定力矩使物体绕矩心逆时针方向转动为正，反之为负，杠杆平衡就是合力矩为零. 在国际单位制中，以牛顿·米为力矩的单位，记作 N·m.

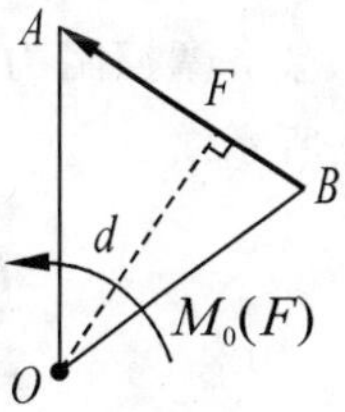

图 2-7

(二) 力偶

在日常生活中，司机通常用双手使方向盘发生转动，这种由大小相等、方向相反且不在同一条直线上的两个平行力组成的力系，称为力偶，记作(F,F')，如图 2-8 所示.

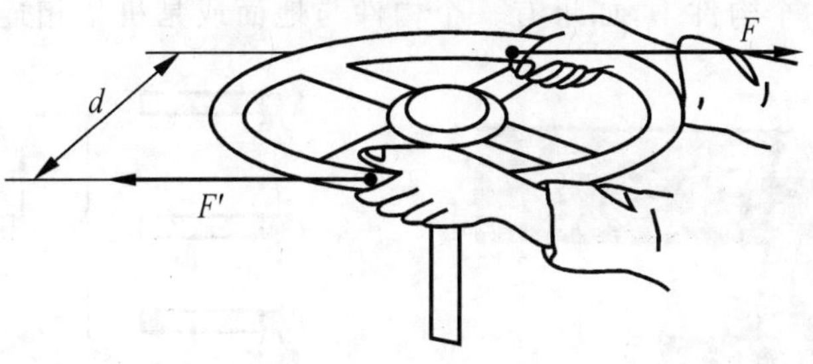

图 2-8

力偶对物体的转动效应称为力偶矩 M_0，两个力作用线之间的垂直距离 d 称为力偶臂，则 $M_0 = F \cdot d$，如图 2-9 所示. 为了计算，我们规定力偶矩的逆时针转向为正，顺时针转向为负. 在国际单位制中，以牛顿·米为力偶矩的单位，记作 N·m.

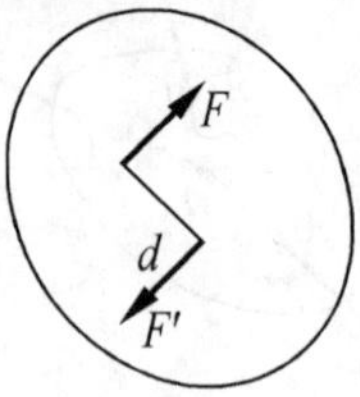

图 2-9

(三) 约束和约束力

限制构件运动的其他物体我们称之为约束，如吊起吊灯的掉线，支撑人体的地面等. 约束对被约束的物体存在作用力，这个力我们称之约束力，也叫约束反力. 由于约束限制了物体某一方向的运动，故约束力的方向总是与该约束所限制的运动方向相反. 一般情况下物体受约束力和主动力(使物体运动或有运动趋势的力)的作用. 常见约束的类型：

1. 柔索约束

细长的系绳、链条、传动皮带等均属柔索约束. 柔索不可伸长，只能受拉力的作用，约束力方向沿拉直的柔索背离被约束物体，如图 2-10 所示.

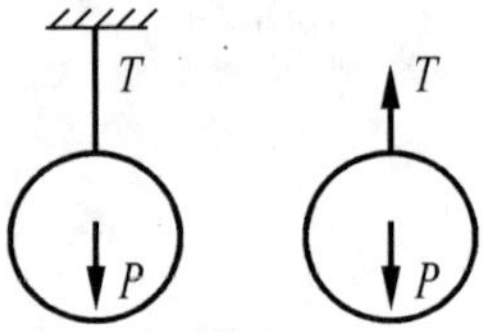

图 2-10

2. 光滑面接触约束

忽略摩擦阻力的接触面称为光滑面. 光滑面约束力方向沿公法线指向被约束物体，如图 2-11 所示.

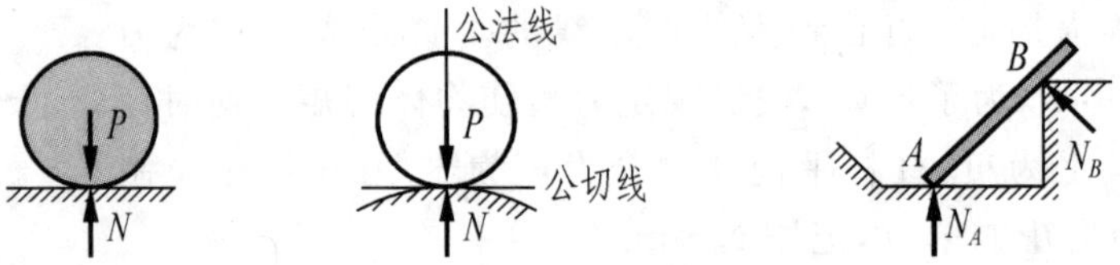

图 2-11

3. 光滑铰链约束

(1)固定铰链约束

圆柱销连接的两个构件中，如果有一个构件与地面或是机架相连，便构成固定铰链约束，如图 2-12 所示.

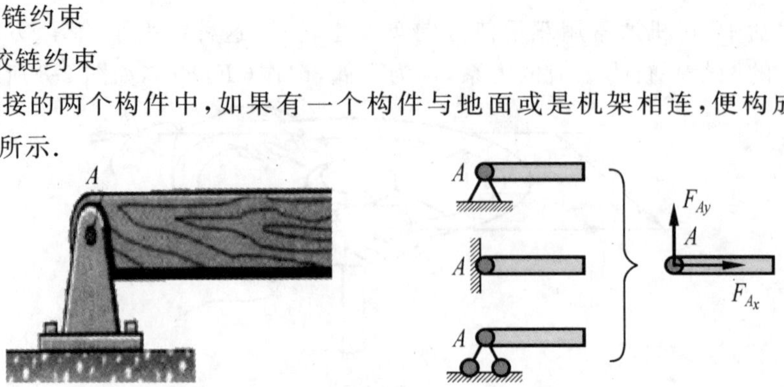

图 2-12

(2)活动铰链约束

工程中常将桥梁、房屋等结构用铰链连接在有几个圆柱形滚子的活动支座上，支座在滚子上可以作左右相对运动，这种约束就是活动铰链约束，如图 2-13 所示.

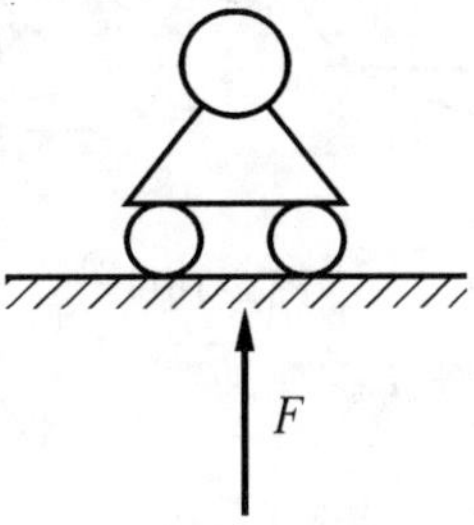

图 2-13

4. 固定端约束

杆件的一端被固定嵌入其他物体内，既不能移动也不能转动，这样的约束就是固定端约束，如图 2-14 所示.

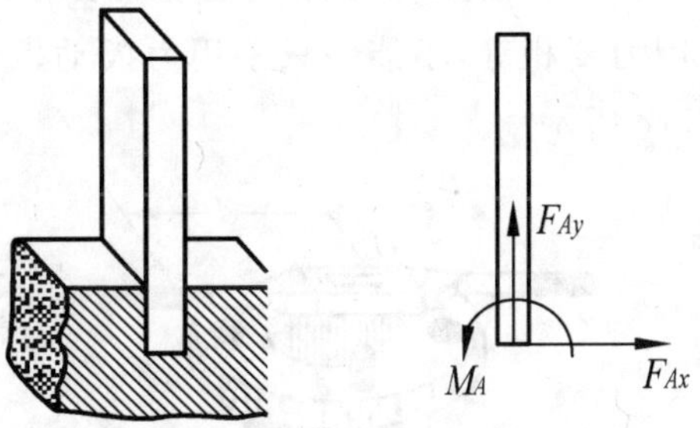

图 2-14

三、平面力系的简化

(一) 力的平移定理

作用在刚体上某点 A 的力 F 可平行移到物体上的任意一点 B，平移时需要附加一个力偶，附加的力偶矩等于力 F 对平移点 B 的力矩，如图 2-15 所示.

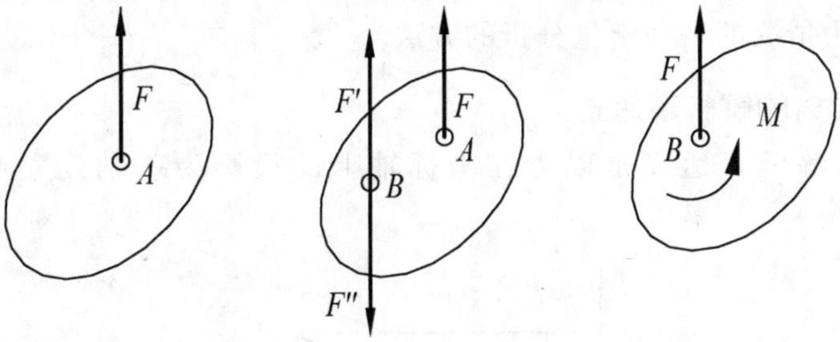

图 2-15

(二) 平面力系的简化

平面力系向作用面内任意一点简化，一般可得一个力和一个力偶. 这个力称为该力系的主矢，作用于简化中心；这个力偶矩等于该力系对于点的力矩，称为主矩，如图 2-16 所示.

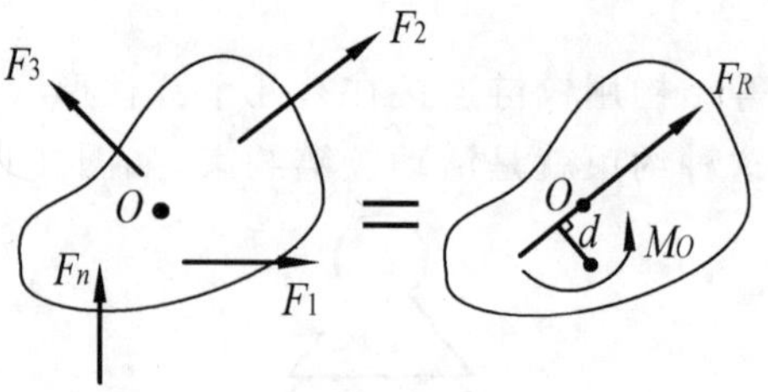

图 2-16

主矢：$F_R = F_1 + F_2 + F_3 + \cdots + F_n$

主矩：$M_O = F_R \cdot d$

(三) 应用

由力的平移定理可知，可以将一个力替换成平面内的一个力和一个力偶；反之，同一平面内的一个力和一个力偶也可以用一个力来等效替换. 力的平移定理不仅是平面力系向一点简化的依据，也可以解释一些实际问题. 例如用丝锥攻螺纹时必须用双手均匀地握住扳手两端，如图 2-17a 所示，而且用力要相等，不能一只手用力扳动扳手，否则由于力的平移会使丝锥折断，如图 2-17b、图 2-17c 所示.

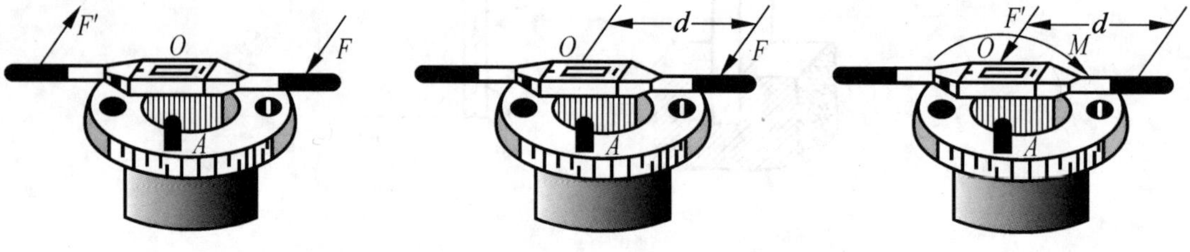

图 2-17

四、平衡方程及其应用

平衡方程是在解决工程实际问题中，通过对力的分析，建立起来的力的数学解析表达式，是工程实际受力情况的一种定量分析的方法.

(一) 平面受力时的解析表达式

平面受力时的解析表达式是以力在坐标轴上的投影为基础建立起来的，如图 2-18 所示.

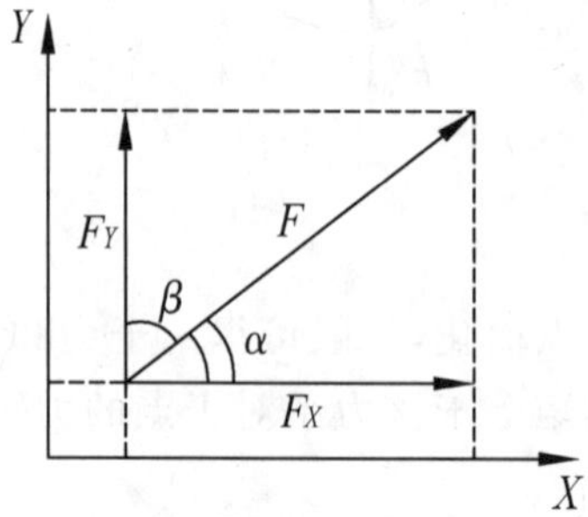

图 2-18

F_X、F_Y 是力 F 沿 X 轴、Y 轴分解所得到的两个正交分力.其正负号规定:若投影的指向与坐标轴正方向一致则为正,反之为负.

$$F_X = F\cos\alpha$$

$$F_Y = F\cos\beta = F\sin\alpha$$

$$\tan\alpha = \frac{F_Y}{F_X}$$

(二) 平面受力时的平衡方程及应用

设刚体上作用有力 $F_1, F_2, \cdots, F_n$ 使刚体处于平衡状态.在力的作用面内任选一点 O,将作用于刚体上的各力 $F_1, F_2, \cdots, F_n$ 平移到点 O,并产生附加力偶矩 $M_1, M_2, \cdots, M_n$,如图 2-19 所示.

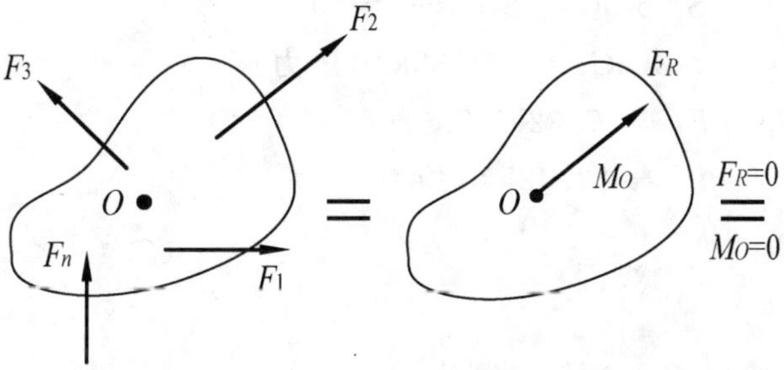

图 2-19

当刚体处于平衡时,刚体上的作用力满足 $F_R = 0$,合力偶矩 $M = 0$,

即:

$$\sum F_X = 0$$

$$\sum F_Y = 0$$

$$\sum M = 0$$

(三) 例题讲解

物块重力为 $G = 20\text{kN}$,用绕过滑轮的绳索吊起,如图 2-20 所示.杆 AB、BC 与滑轮铰接于 B,不计杆与滑轮的自重,并忽略滑轮的尺寸,试求平衡时杆 AB、BC 所受的力.

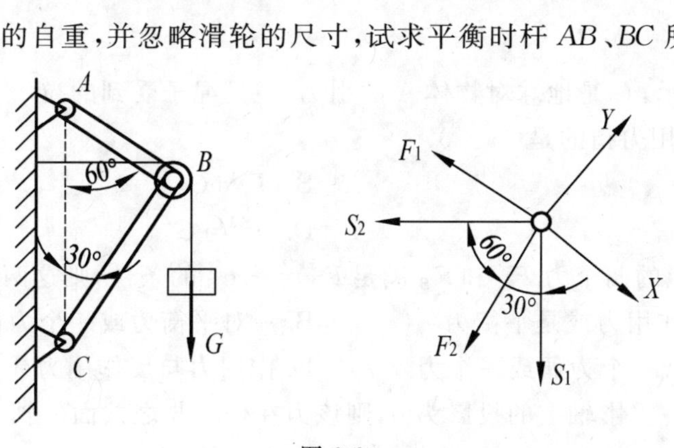

图 2-20

解：设平衡时杆 AB、BC 所受的力为 F_1'，F_2'. F_1' 与 F_1 和 F_2' 与 F_2 均为作用力和反作用力.

(1) 取滑轮 B 为研究对象.

(2) 画出滑轮的受力图.

(3) 选取坐标系，列平衡方程并求解：

S_2 为水平绳索对 B 的拉力. S_1 为竖直绳索对 B 的拉力.

$$因为\ G = S_1 = S_2 = 20\text{kN}$$

$$\sum F_X = 0$$

$$-F_1 + S_1\sin30° - S_2\sin60° = 0$$

$$F_1 = -0.366G = -7.32\text{kN}(压力)$$

$$\sum F_Y = 0$$

$$-F_2 - S_1\cos30° - S_2\cos60° = 0$$

$$F_2 = -1.366G = -27.32\text{kN}(压力)$$

$$则有\quad F_1' = 7.32\text{kN}(拉力)$$

$$F_2' = 27.32\text{kN}(拉力)$$

课堂检测

一、填空

1. 力的三要素是________、________、________，力的作用效果是____________________.

2. 二力构件受到________个力的作用，这些力是________.

3. 固定端约束的约束反力是________、________和________.

4. 力矩是________和________的乘积；力偶矩是________和________的乘积.

5. 作用在物体上的力经过平移以后会得到________和________，若要保证移动前力系经过简化，最后会得到________和________. 如果物体处于平衡后的作用效果不变则需给物体附加________.

6. 已知受力状态，一般可以列出_____个方程，它们是__________、__________和__________.

二、单选题

1. 如图 2-21 所示，G 是地球对物体 A 的引力，T 是绳子受到的拉力，则作用力与反作用力指的是(　　).

A. T' 与 G　　B. T 与 G

C. G 与 G'　　D. T' 与 G'

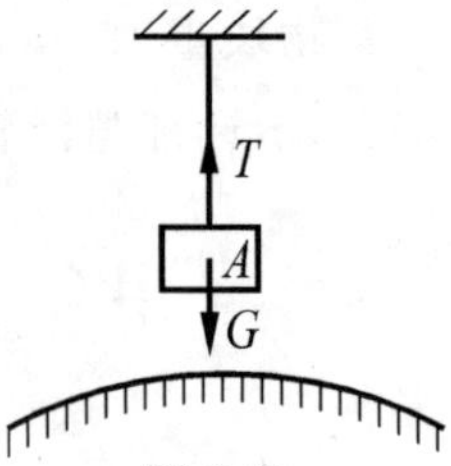

图 2-21

2. 作用在刚体上的两个力 F_A 和 F_B 满足 $F_A = -F_B$ 的条件，则这两个力可能是(　　).

A. 作用力与反作用力或是平衡力　　B. 一对平衡力或一个力偶

C. 一对平衡力或一个力偶或一个力　　D. 作用力与反作用力或一个力偶

3. 某力 F 在某一投影轴上的投影为 0，则该力在任一与之共面的轴上的投影为(　　).

A. 一定等于 0　　B. 不一定等于 0

C. 一定不等于 0　　D. 仍等于该力的大小

三、计算题

梁 AB 的支座如图 2-22 所示，在梁的中点作用一个力 $P=20\text{kN}$，力与梁的轴线成 45° 角，梁的重力略去不计，试求梁的支座反力.

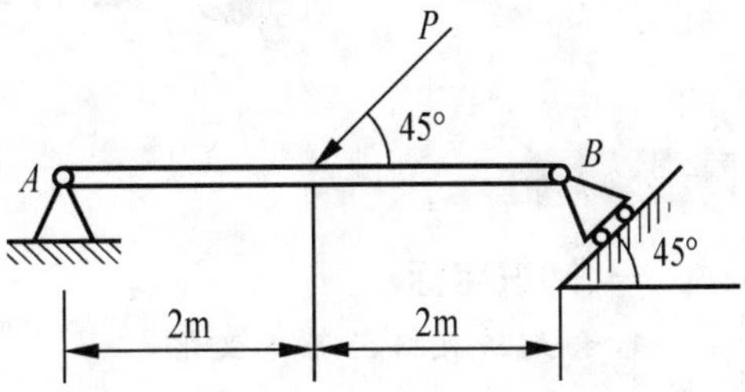

图 2-22

技能训练

画出图 2-23 中 AC 杆、图 2-24 中 BD 杆、AB 杆、图 2-25 中 AB 杆的受力图.

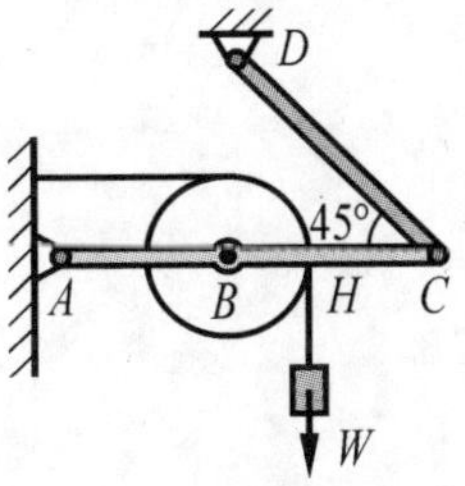

图 2-23

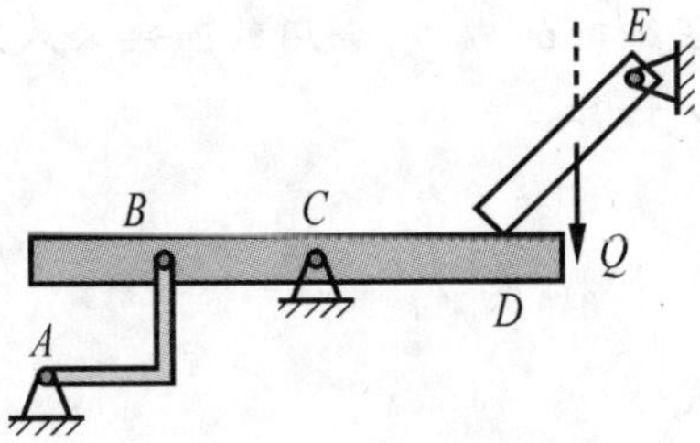

图 2-24

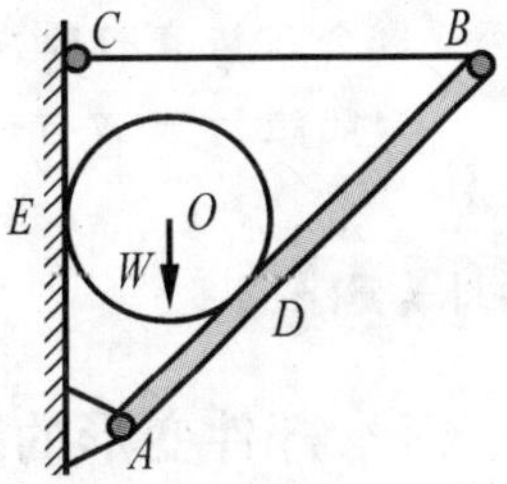

图 2-25

科学小常识

练练你的平衡力

平衡力是人体的一种综合身体行为能力，要靠视觉、肌肉力量、神经系统等多重机制相互协调. 一个人的平衡能力在 20～25 岁时达到顶点，35 岁后开始走下坡路，如果能坚持训练平衡力，那人的生理年龄就会更年轻. 平衡力取决于平衡感，涉及人的视觉、动觉、触觉、听觉等等. 练习平衡力不需要像杂技演员一样几十年如一日，也不需要像运动员一样有教练的专门指导. 只要在日常生活中有意识地随时锻炼即可. 锻炼平衡力一般采用反常规运动，刺激人体做出平衡反应，达到锻炼的目的. 锻炼方法很多，比如倒着走、走猫步、单腿站立等. 这里介绍一个原地转圈法：用 3 小步在原地转圈，根据个人情况转一两分钟后停下来，闭眼静立半分钟，然后反向转.

任务二　直杆的变形分析

任务目标

一、知识目标

1. 会判断直杆的基本变形.
2. 知道直杆轴向拉伸与压缩的概念,截面法求内力.
3. 知道连接件的剪切与挤压的概念,能判断连接件的受剪切面和受挤压面.
4. 了解圆轴扭转和直梁弯曲的概念.
5. 了解组合变形的概念.

二、能力目标

1. 会分析直杆轴向拉伸与压缩时的内力,会用截面法求内力.
2. 能进行剪切与挤压的应力计算.

相关知识

一、杆件变形的基本形式

杆件在不同的受力作用下,会产生各种不同形式的变形,杆件的实际变形通常是拉伸、压缩、弯曲和扭转,以及这几种变形中的两种或两种以上的组合变形.

(一) 轴向拉伸与压缩

在轴向力的作用下,杆件产生伸长变形为轴向拉伸变形,简称拉伸,如图 2-26 所示.

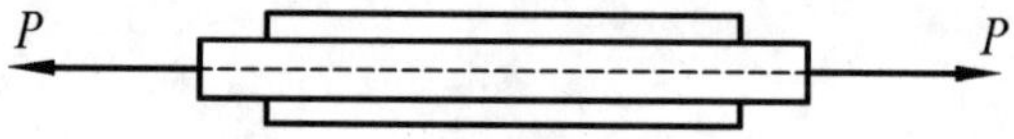

图 2-26

在轴向力的作用下,杆件产生缩短变形称为轴向压缩变形,简称压缩,如图 2-27 所示.

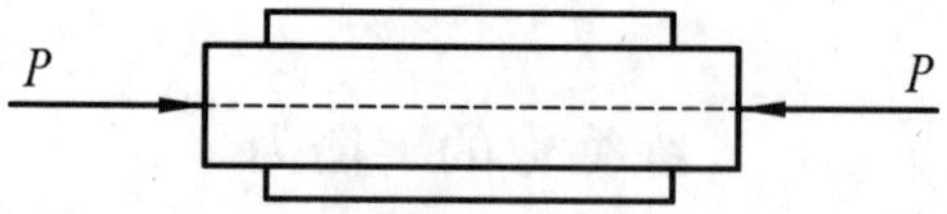

图 2-27

轴向拉伸与压缩的特点:

1. 受力特点:作用于杆件两端的外力大小相等,方向相反,作用线与杆件轴线重合.
2. 变形特点:杆件变形是沿轴线方向伸长或缩短.

(二) 剪切变形

当构件工作时,连接件的两个侧面上受到一对大小相等、方向相反、作用线平行且相距很近的外力作用,这时两力的作用线之间的截面发生相对的错动,这种变形称为剪切变形.发生相对错动的截面为剪切面,剪切面位于构成剪切的两力之间,平行于作用力的作用线,如图 2-28 所示.

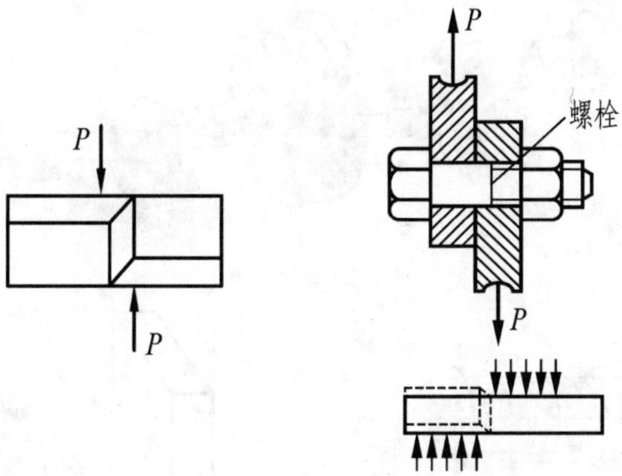

图 2-28

剪切变形的特点：

1. 作用在构件两侧面上的外力的合力大小相等、方向相反，作用线平行且相距很近.

2. 介于两个作用面之间的各个截面，有沿作用力方向发生错动的趋势.

（三）挤压变形

构件局部受到压力作用的现象叫挤压. 挤压时作用在接触面上的压力叫挤压力，用 F_{jy} 表示，发生挤压的接触面称为挤压面. 连接件和被连接件接触面相互压紧的现象称为挤压变形. 挤压过大时，在接触面的局部范围内将发生变形或是压溃，这种因挤压力过大，连接件接触面出现局部变形或压溃的现象，称为挤压破坏.

挤压变形的特点：

1. 挤压力与挤压面垂直且方向指向被压物体.

2. 在计算挤压面的有效面积时按挤压面的计算面积计算.

（四）直梁的弯曲变形

杆件受到垂直于其轴线的横向力作用或是力偶作用时，使其变弯的现象叫弯曲变形. 发生弯曲变形或以弯曲变形为主的杆件称为梁，如图 2-29 所示.

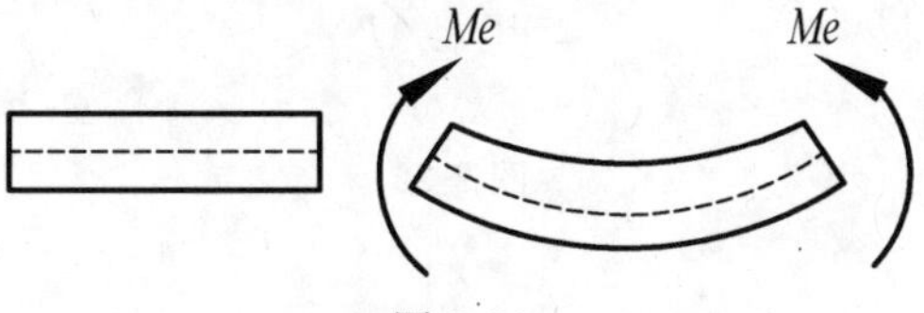

图 2-29

弯曲变形的特点：

1. 梁的轴线由直线变成在外力作用面内的一条曲线.

2. 外力垂直于杆件的轴线，且外力和力偶都作用在梁的纵向对称面内.

（五）扭转变形

杆件受到力偶和反向力偶作用时各横截面绕轴线发生相对转动的现象叫扭转变形，如图 2-30、图 2-31 所示.

扭转变形特点：

1. 各横截面绕轴线发生相对转动.

2. 杆件两端垂直于轴线的平面内有作用力偶和反向力偶.

图 2-30

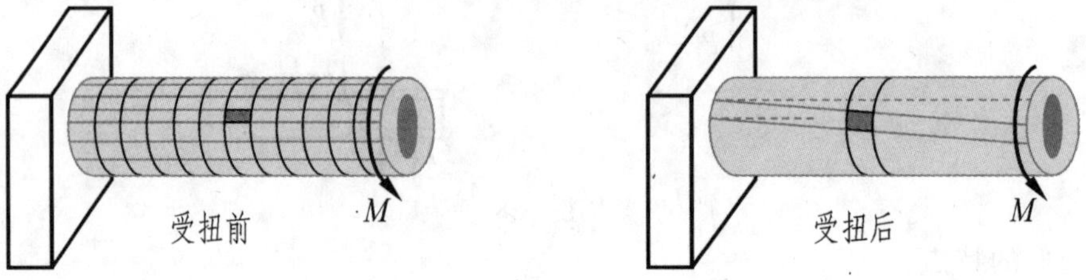

图 2-31

二、简单的应力计算

(一) 内力与截面法

1. 外力和内力　其他物体对构件作用的力称为外力，例如支座反力、荷载等. 杆件在外力作用下产生变形，其内部相互间的作用力称为内力，这种内力将随外力增加而增大，但内力增大到一定限度时，杆件就会发生破坏.

2. 截面法　将受外力作用的杆件假想地切开，用以显示力的大小，并以平衡条件确定其合力的方法，称为截面法. 它是内力分析的唯一方法，如图 2-32 所示.

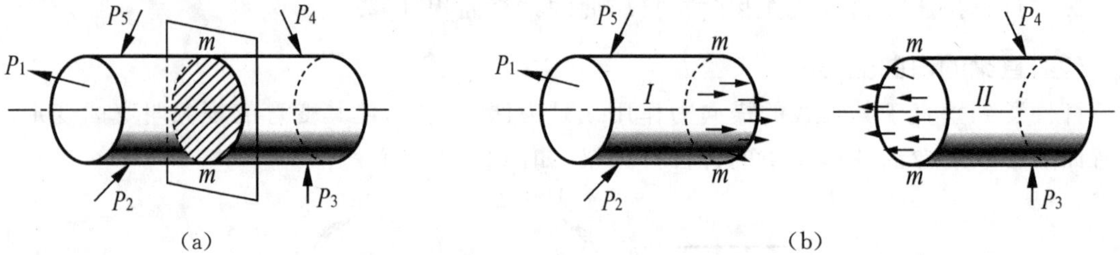

图 2-32

截面法的特点：

(1)截面的两侧必定出现大小相等，方向相反的内力.

(2)被假想截开的任一部分上的内力必定与外力相平衡.

(二) 应力

构件在外力作用下，单位面积上的内力称为应力. 垂直于横截面上的应力，称为正应力，用 σ 表示，如拉伸应力与压缩应力；发生挤压时在挤压面上产生的应力为挤压应力；发生剪切时，受剪面上产生的应力，称为切应力，用 τ 表示. 材料的实际应力必须不大于其许用的应力.

1. 拉伸应力、压缩应力计算

$$\sigma = \frac{F_N}{A}$$

强度条件：$\sigma \leqslant [\sigma]$

式中：A 表示横截面的面积，单位为 mm^2；

σ 表示横截面上的正压力，单位为 MPa；

F_N 表示横截面上的内力（轴力），单位为 N；

$[\sigma]$ 表示材料许用的正应力，单位为 MPa.

2. 挤压应力计算

$$\sigma_{jy} = \frac{F_{jy}}{A_{jy}}$$

强度条件：$\sigma_{jy} \leqslant [\sigma_{jy}]$

式中：A_{jy} 表示横截面的计算面积，单位为 mm^2；

σ_{jy} 表示横截面上的挤压应力，单位为 MPa；

F_{jy} 表示横截面上的挤压，单位为 N；

$[\sigma_{jy}]$ 表示材料许用的挤压应力，单位为 MPa.

3. 剪切应力的计算

$$\tau = \frac{F_s}{A}$$

强度条件：$\tau \leqslant [\tau]$

式中：A 表示横截面的面积，单位为 mm^2；

F_s 表示剪切面上的剪力，单位为 N；

τ 表示切应力，单位为 MPa；

$[\tau]$表示许用的剪应力.

（三）例题讲解

【例 1】 一直径 $d=14$mm 的圆杆，许用应力 $[\sigma]=170$MPa，受轴向拉力 $P=2$kN 作用，试校核此杆是否满足强度条件.

解：
$$\sigma_{max} = \frac{F_N}{A} = \frac{2\times10^3\,\text{N}}{\pi\times\left(\frac{14}{2}\right)^2\times10^{-6}\,\text{mm}^2} = 130\text{MPa} < [\sigma]$$

满足强度条件要求.

【例 2】 拉杆头部尺寸如图 2-23 所示，已知$[\tau]=100$MPa，许用挤压应力$[\sigma_{jy}]=200$MPa. 校核拉杆头部的强度.

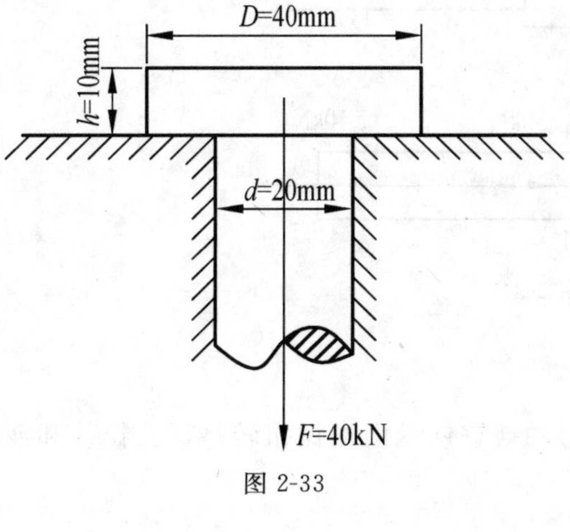

图 2-33

解：$$\tau=\frac{F}{A}=\frac{F}{\pi dh}=\frac{40\times10^{3}\text{N}}{\pi\times20\times10\text{mm}^{2}}=63.7\text{MPa}<[\tau]$$

$$\sigma_{jy}=\frac{F}{\frac{\pi}{4}(D^{2}-d^{2})}=\frac{40\times10^{3}\text{N}}{\frac{\pi}{4}(40^{2}-20^{2})\text{mm}^{2}}=42.4\text{MPa}<[\sigma_{jy}]$$

满足强度条件要求.

课堂检测

一、填空

1. 杆件变形的基本形式有________、________、________、________.

2. 对杆件内力的研究，主要采用方法________.

3. 单位面积上的内力称为________.

4. 剪切变形的受力特点是________________________，变形特点是________________________.

二、单选题

1. 轴力(　　).

A. 是杆件轴线上的载荷　　B. 是杆件截面上的内力

C. 与杆件的截面积有关　　D. 与杆件的材料有关

2. 不存在剪切应力的是(　　).

A. 铆钉连接　　B. 键连接

C. 钢板用对接焊缝连接　　D. 钢板用填角焊缝连接

3. 下列实例中存在扭转变形的是(　　).

A. 起重吊钩　　B. 钻孔的钻头

C. 火车车轴　　D. 钻孔的零件

三、计算

如图 2-34，已知各杆的轴向力，计算最大的轴向力 N_{max}.

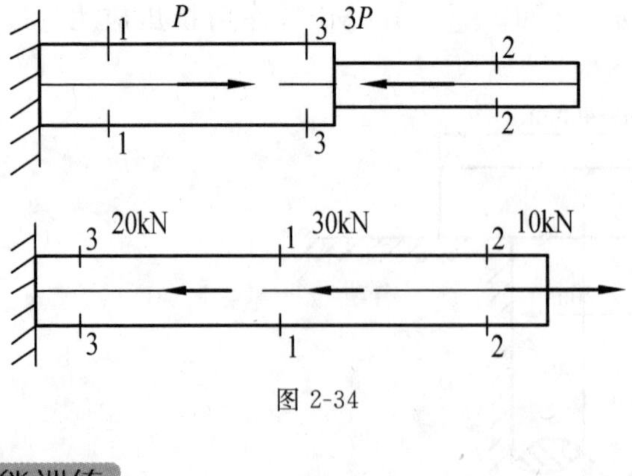

图 2-34

技能训练

用两把钳子夹住 8 号的镀锌铁丝两端做扭转、弯曲、拉伸和疲劳断裂实验，观察变形和断裂现象.

科学小常识

马力和扭力的区别

马力和扭力这个问题，通常很多人都搞不清楚，我们就用简单的方法来看这个问题吧.

其实，马力大，最高极速(Max Speed)就大；扭力大，瞬间加速的力就大.

举个简单的例子，一般商用车辆的扭力输出值都相当大，所以这些车子在低转速(2500～4000rpm)区域内，瞬间加速力都很强，但是马力输出比较小. 因此，我们看到一些货车在红灯起步时，可能不逊于汽车，但是在高速公路上，即使不限制时速，它们也很难达到120km/h.

再举一个例子，一辆排量为3.2L、马力为115匹的Civic，和一辆排量为4.0L、马力同样为115匹的Golf，两辆车的最高极速应该相去不远，但Golf的最大扭力是16.9kgm/3200rpm①，而Civic的最高扭力是14.6kgm/5500rpm. 在低转速区域时，Golf的表现会比Civic优异，从0～100km/h的加速，Golf肯定占优势，但当超过100km/h后，两辆车的表现就得看谁的齿轮比配搭得更优了.

①"rpm"为每分钟转数；"kgm"为扭矩，即力矩的大小，1kgm＝9.8N·m.

项目三　支承件

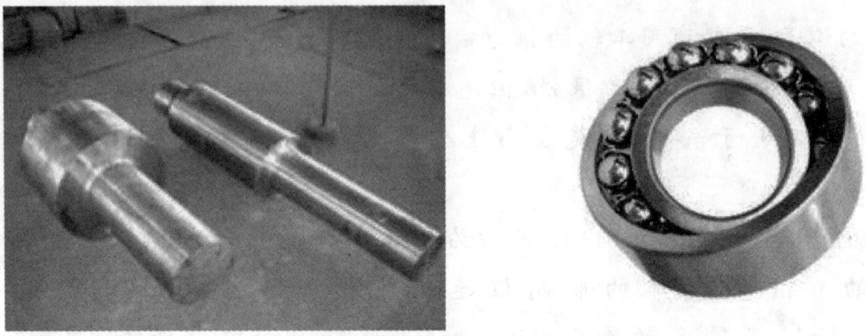

图 3-1

在我们的学习和生活中经常看到一些机器，大家都知道它们是由很多零件构成的，那你知道图 3-1 中所示的零件是什么吗，使用在什么地方呢？

任务目标

一、知识目标

1. 了解轴的分类与应用.
2. 了解轴的材料与结构.
3. 熟悉滚动轴承的类型、特点、代号及应用.
4. 熟悉滑动轴承的特点、主要结构和应用.
5. 掌握滑动轴承的失效形式、常用材料.

二、能力目标

掌握轴的结构及其应用、滚动轴承和滑动轴承的应用、滑动轴承的失效形式.

相关知识

一、轴

轴是装在轴承、车轮或齿轮中间的圆柱形物件，是支撑转动零件并与之一起回转以传递运动、扭矩或弯矩的机械零件，一般为金属圆杆状，各段可以有不同的直径. 机器中作回转运动的零件就装在轴上.

(一) 轴的分类和应用

1. 按照轴线形状分类：轴可分为直轴、曲轴和软轴

(1)直轴：按外形不同可分为光轴、阶梯轴及一些特殊用途的轴，如凸轮轴、花键轴、齿轮轴及蜗杆轴等.

(2)曲轴:是内燃机、曲柄压力机等机器上的专用零件,用以将往复运动转变为旋转运动,或作相反转变.(图 3-2)

(3)软轴:主要用于两传动轴线不在同一直线上或工作时彼此有相对运动的空间传动,也可用于受连续振动的场合,以缓和冲击.(图 3-3)

2.按照所受载荷性质分类:轴可分为心轴、转轴和传动轴.

(1)心轴:通常指只承受弯矩而不承受转矩的轴.如自行车前、后轮轴.

(2)转轴:既受弯矩又受转矩的轴.转轴在各种机器中最为常见.(图 3-4)

(3)传动轴:只受转矩不受弯矩或受很小弯矩的轴.车床上的光轴、连接汽车发动机和后桥的轴,均是传动轴.(图 3-5)

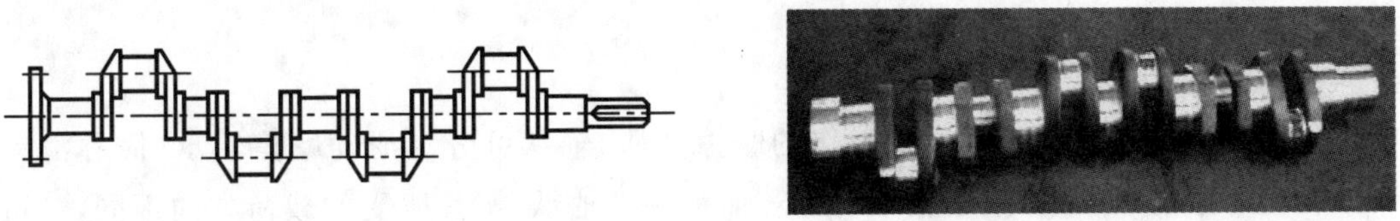

图 3-2

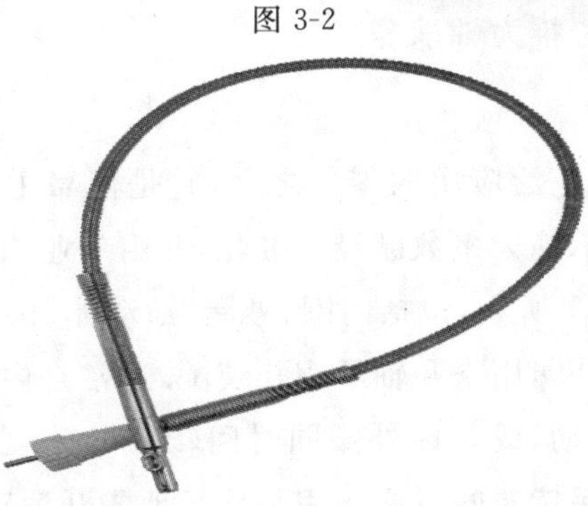

图 3-3

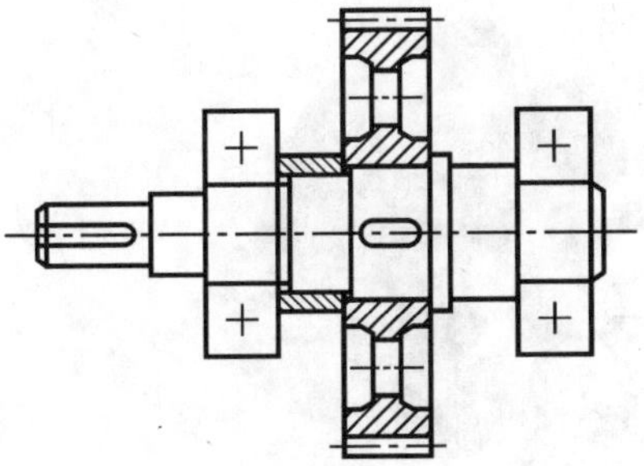

图 3-4

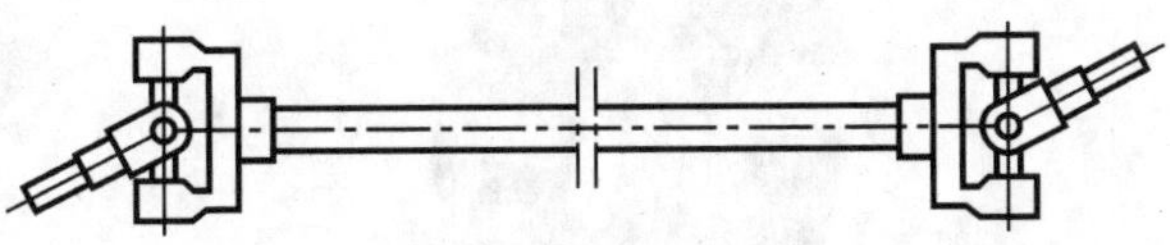

图 3-5

(二) 轴的常用材料

轴的材料首先应具有足够的强度,对应力集中敏感性低;还应具有刚度、耐磨性、耐腐蚀性及良好的加工性.常用的材料主要有碳钢、合金钢、球墨铸铁和高强度铸铁.

(三) 轴的结构

轴的结构设计就是在满足强度、刚度和振动稳定性的基础上,根据轴上零件的定位要求及轴的加工、装配工艺性要求,合理地设计轴的结构形状和全部尺寸.

轴主要由轴颈、轴头、轴身三部分组成(图 3-6).轴上被支承的部分叫做轴颈;安装轮毂的部分叫做轴头;连接轴颈和轴头的部分叫轴身.

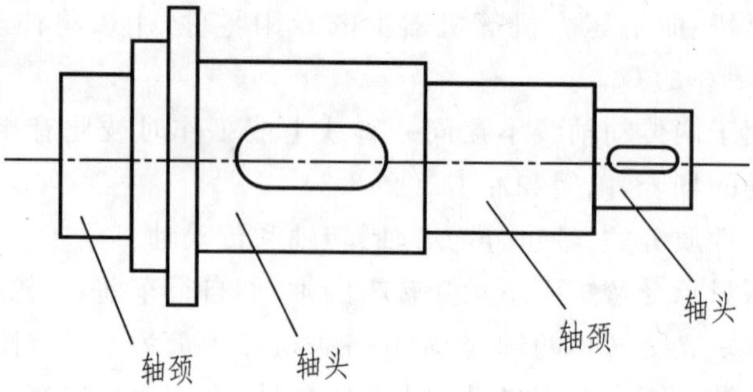

图 3-6

二、轴承

轴承即支承轴的零件，根据其工作的摩擦性质，轴承可分为滑动摩擦轴承（简称滑动轴承）和滚动摩擦轴承（简称滚动轴承）两类. 而每一类轴承，按其所受的载荷方向不同，又可分为向心轴承、推力轴承和向心推力轴承等.

（一）滚动轴承

滚动轴承是现代机器中广泛应用的零件之一，它是依靠主要元件间的滚动接触来支承转动零件的. 常用的滚动轴承绝大多数已经标准化，并由专业工厂大量制造及供应.

滚动轴承的构成如图 3-7 所示，包括内圈、外圈、滚动体、保持架.

内圈用来和轴颈装配，外圈用来和轴承座孔装配. 通常是内圈随轴颈回转，外圈固定，也可以用于外圈回转而内圈不动，或是内外圈同时回转的场合. 当内外圈相对转动时，滚动体即在内外圈的滚道内滚动. 保持架的主要作用是均匀地隔开滚动体.

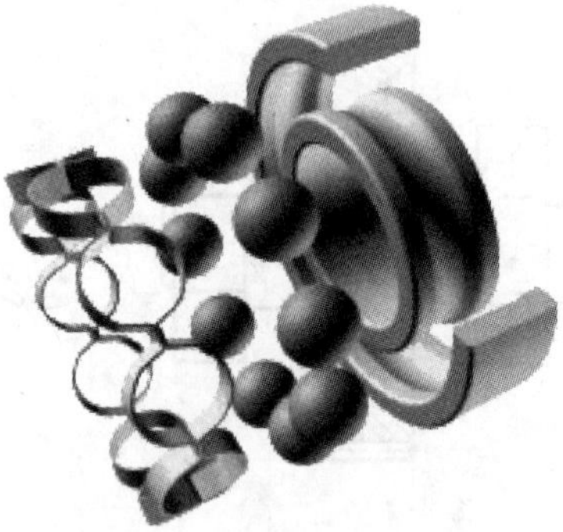
图 3-7

滚动体的基本类型：钢球、圆柱滚子、圆锥滚子、滚针、鼓形滚子、不对称鼓形滚子. 与滑动轴承相比，滚动轴承具有旋转精度高、启动力矩小、选用方便等特点. 详细的特点请参见滚动轴承与滑动轴承对照表.

（二）滚动轴承的分类及代号

滚动轴承的类型很多，若按其承受外载荷方向的不同来分，可分为向心轴承、推力轴承和向心推力轴承. 若按轴承的结构类型来分，可有十余个大类，图 3-8 列出了常用的标准滚动轴承.

类型	承载特性	产品举例	
向心轴承	主要承受径向载荷	 深沟球轴承	 圆柱滚子轴承
推力轴承	承受轴向载荷	 推力球轴承	 推力圆柱滚子轴承
向心推力轴承	能同时承受径向 与轴向载荷	 圆锥滚子轴承	 角接触球轴承

图 3-8

(三) 滚动轴承的代号

滚动轴承代号是用字母和数字来表示轴承结构、尺寸、公差等级、技术性能等特征的产品符号. 国家标准 GB/T272-93 规定轴承的代号由三部分组成：前置代号、基本代号、后置代号. 基本代号是轴承代号的基础，前置代号和后置代号都是轴承代号的补充，只有在遇到对轴承结构、形状、材料、公差等级、技术要求等有特殊要求时才使用，一般情况下可部分或全部省略.

1. 基本代号(滚针轴承除外)：基本代号表示轴承的基本类型、结构和尺寸. 它由轴承类型代号、尺寸系列代号、内径代号构成.(表 3-1)

2. 前置代号、后置代号：轴承在结构形状、尺寸、公差、技术要求等有改变时，在其基本代号左右添加的不同代号，其排列方法见表 3-2.

表 3-1　基本代号

<table>
<tr><td rowspan="2">类型代号</td><td colspan="2">尺寸系列代号</td><td colspan="6">内径代号</td></tr>
<tr><td>宽度系列代号</td><td>直径系列代号</td><td colspan="6" rowspan="2">通常用两位数字表示. $d>500$mm、$d<10$mm 及 $d=22$mm、28mm、32mm 的内径代号查手册. 10mm$\leqslant d \leqslant$500mm 的内径代号如下：</td></tr>
<tr><td rowspan="3">用一位数字，或一至两个字母表示，见表 3-2</td><td rowspan="2">表示内径、外径相同，宽度（推力轴承指高度）不同的系列. 用一位数字表示</td><td rowspan="2">表示同一内径，不同外径的系列. 用一位数字表示</td></tr>
<tr><td>内径代号</td><td>00</td><td>01</td><td>02</td><td>03</td><td>04～99</td></tr>
<tr><td colspan="2">尺寸系列代号连用，对多数轴承宽度系列代号为 0 时可省略，圆锥滚子轴承和调心轴承的宽度系列代号 0 应标出</td><td>内径（mm）</td><td>10</td><td>12</td><td>15</td><td>17</td><td>代号×5</td></tr>
</table>

表 3-2　前置、后置代号的排列

<table>
<tr><td colspan="10">轴承代号</td></tr>
<tr><td rowspan="2">前置代号</td><td rowspan="3">基本代号</td><td colspan="8">后置代号（组）序列</td></tr>
<tr><td>1</td><td>2</td><td>3</td><td>4</td><td>5</td><td>6</td><td>7</td><td>8</td></tr>
<tr><td>成套轴承分部件</td><td>内部结构</td><td>密封于防尘套圈变型</td><td>保持架及其材料</td><td>轴承材料</td><td>公差等级</td><td>游隙</td><td>配置</td><td>其他</td></tr>
</table>

3. 轴承代号示例

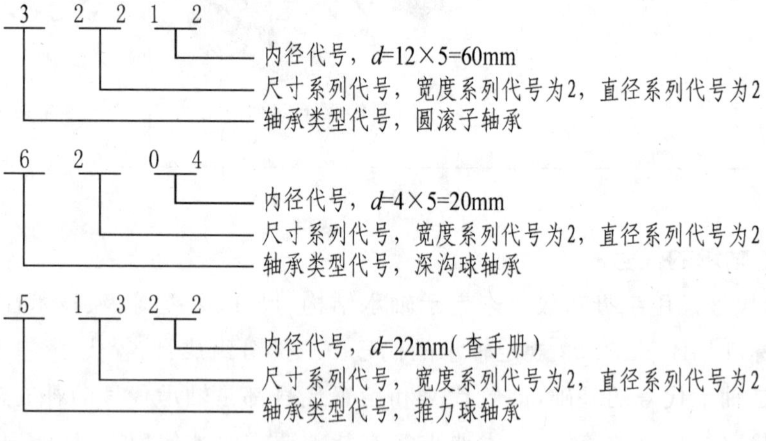

例：轴承 23224

2—类型代号，调心滚子轴承；32—尺寸系列代号；24—内径代号，$d=120$mm.

例：轴承 6208-2Z/P6

6—类型代号，深沟球轴承；2—尺寸系列代号；08—内径代号，$d=40$mm；

2Z—轴承两端面带防尘罩；P6—公差等级符合标准规定 6 级.

四、滑动轴承

(一) 滑动轴承

1. 滑动轴承的特性

滑动轴承就是通常说的平面轴承，其形式简单，接触面积大，如果润滑保持良好，抗磨性能会很好，轴承寿命也会很长. 滑动轴承的承载能力大，回转精度高，润滑膜具有抗冲击作用，因此在工程上获得广泛的应用，但它最大的缺点是无法保持足够的润滑油储备，一旦润滑剂不足，它立刻产生严重磨损并导致失效.

2. 滑动轴承的应用

工作转速特别高的轴承，如磨床主轴的轴承；承受极大的冲击和振动载荷的轴承，如轧钢机轧辊的轴承；要求特别精密的轴承；装配工艺要求轴承部分的场合，如曲轴的轴承；要求径向尺寸小的轴承.

3. 滑动轴承的结构

滑动轴承一般由轴瓦、轴承座、轴承衬和润滑结构构成. 滑动轴承根据承受载荷的方向不同来分，可分为向心滑动轴承(主要承受径向载荷)和推力滑动轴承(主要承受轴向载荷).

4. 常用向心滑动轴承的结构形式有整体式和剖分式两种

整体式滑动轴承：一种常见的整体式向心滑动轴承，用螺栓与机架连接. 轴承座孔内压入用减摩材料制成的轴瓦(或叫轴套)，在轴承座顶部装有油杯，轴套上有进油孔，内表面开轴向油沟以分配润滑油润滑，如图 3-9 所示. 整体式滑动轴承构造简单，但轴承工作表面磨损过大时无法调整轴承间隙；轴颈只能从端部装入，这导致粗重的轴或具有中间轴颈的轴安装不便，甚至无法安装. 为克服这两个缺点，可采用剖分式滑动轴承.

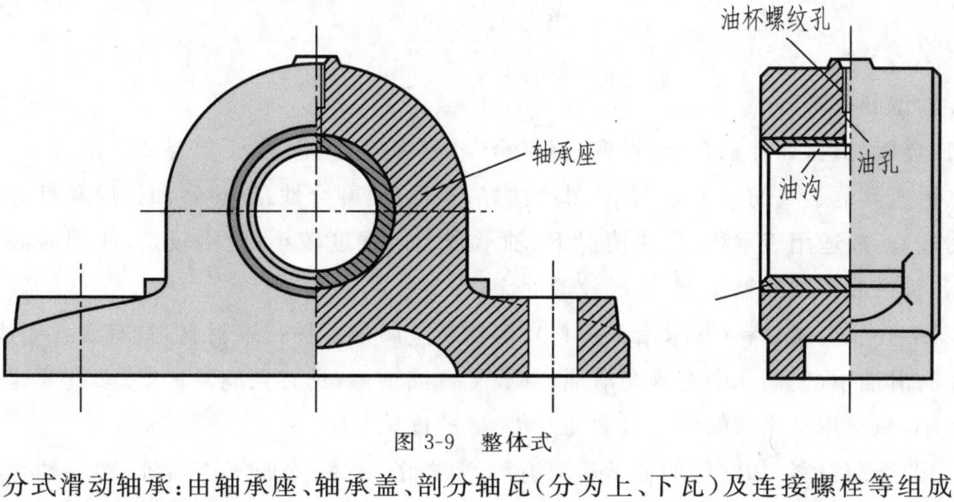

图 3-9　整体式

剖分式滑动轴承：由轴承座、轴承盖、剖分轴瓦(分为上、下瓦)及连接螺栓等组成. 轴承的剖分面应与载荷方向近于垂直，多数轴承剖分面是水平的，也有斜的. 轴承盖与轴承座的剖分面常做成阶梯形，以便定位和防止工作时错动. 它的轴瓦磨损后，轴承间隙可用减少剖分面处的金属垫片或刮配轴瓦金属的办法来调整. 剖分式滑动轴承装拆方便，轴瓦与轴的间隙可以调整，应用较广泛，如图 3-10、图 3-11 所示.

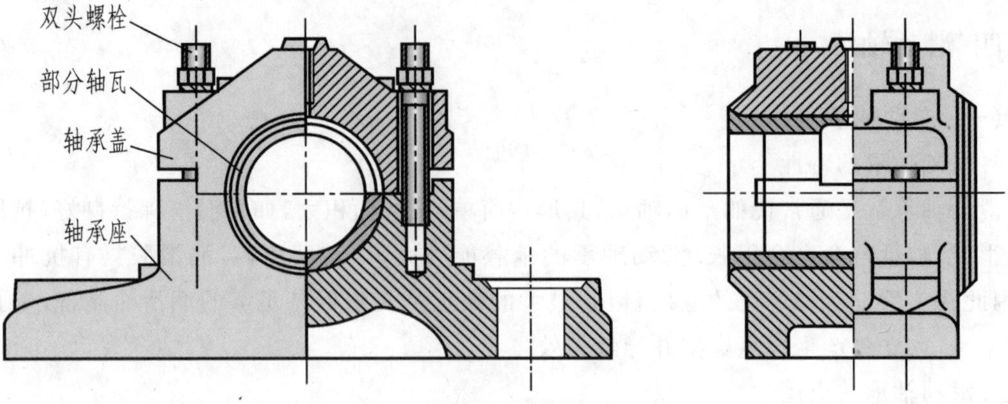

图 3-10　剖分式

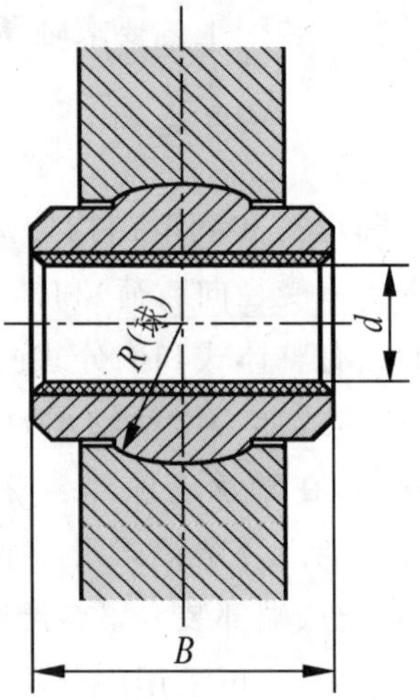

图 3-11　剖析式

5. 轴承的材料

(1)金属材料，如轴承合金、青铜、铝基合金、锌基合金等. 轴承合金又称白合金，主要是锡、铅、锑或其他金属的合金，由于其耐磨性好，塑性高，磨合性、导热性和抗胶黏性好及与油的吸附性好，故适用于重载、高速情况下. 轴承合金的强度较小，价格较贵，使用时必须浇注在青铜、钢带或铸铁的轴瓦上，形成较薄的涂层.

(2)多孔质金属材料(粉末冶金材料). 多孔质金属是一种粉末材料，具有多孔组织. 若将其浸在润滑油中，使微孔中充满润滑油，就成了含油轴承，具有自润滑性能. 多孔质金属材料的韧性小，只适用于平稳的无冲击载荷及中、低速度情况下.

(3)非金属材料，如常用的轴承塑料有酚醛树脂、尼龙、聚四氟乙烯等. 塑料轴承有较大的抗压强度和耐磨性，可用油和水润滑，也有自润滑性能，但导热性差.

课堂检测

一、选择题

1. 工作时既承受弯矩又承受转矩的轴,称为(　　).

A. 传动轴　　B. 转轴　　C. 心轴

2. 工作时只承受弯矩,不传递扭矩的轴,称为(　　).

A. 心轴　　B. 转轴

3. 火车车厢的车轮轴按承载情况分析,应是(　　).

A. 传动轴　　B. 转轴　　C. 心轴

4. 单级齿轮减速器中的齿轮轴所承受的载荷情况是(　　).

A. 转矩　　B. 弯矩　　C. 转矩和弯矩

5. 对于承受载荷较小的轴,常用材料为(　　).

A. 45 号钢　　B. 合金钢　　C. 普通碳素钢

6. 对于承受载荷较大的重要轴,常用材料是(　　).

A. HT200　　B. 40Cr 调质钢　　C. Q235

7. 自行车的前轴为(　　).

A. 心轴　　B. 转轴　　C. 传动轴

8. 自行车的后轴为(　　).

A. 转动心轴　　B. 固定心轴　　C. 转轴

9. 在齿轮减速器中,低速轴轴径一般比高速轴轴径(　　).

A. 大　　B. 小　　C. 一样

10. 当轴上的零件要承受较大轴向力时,采用(　　)定位较好.

A. 圆螺母　　B. 紧钉螺钉　　C. 弹性挡圈

二、填空题

1. 轴按其轴线形状的不同分为:________、________和________三种.

2. 直轴按其承载情况不同分为________、________和________.

3. 轴的常用材料主要是________和________,其次是________.

4. 轴主要由________、________和________组成.

5. 轴承按其摩擦的性质分为________、________和________.

6. 轴承按其所承受的载荷方向不同,又可以分为________、________和________等.

7. 常用向心滑动轴承的结构形式有________和________两种.

8. 滚动轴承的结构有________、________、________、________.

9. 6312 滚动轴承内圈的内径是________ mm.

10. 6208 深沟球轴承的直径系列代号为________.

11. 转速较高时,宜选用滚动轴承中的________.

12. 滚动轴承内外圈的周向固定是靠________.

技能训练

请同学们想一想滚动轴承中的滚动体(钢球)是怎么加工出来的.

科学小常识

我国滚动轴承的现状

我国轴承工业于1950年开始起步建设,经过半个多世纪的发展,已经形成比较系统而完整的生产与技术体系,成为排名于日本、美国和德国之后的世界轴承生产第四大国,取得了举世瞩目的成就.但是,与轴承工业发达国家相比,我国轴承工业在品种、生产能力、尺寸公差与旋转精度、高速性能、降低振动噪声与异音以及寿命与可靠性、特殊工况的轴承应用技术方面都还存在很大的差距.因此,我国轴承在出口上,绝大部分为低档产品,不具任何技术竞争力,而在国内的一些重要产业或领域,例如民航飞机、高速铁路客车、中高档轿车、计算机、空调器、引进型重大装备等方面,基本上是由进口轴承"一统天下".而这些产业或领域,又多是国民经济的支柱产业或领域.

滚动轴承并非是一种通常意义上的简单机械零部件,而是一种包含了丰富技术含量的机械产品载体.轴承工业作为机械基础工业,其技术水平高低,对一个国家的工业技术发展水平具有一定的代表意义.我国轴承工业与国外先进技术水平的巨大差距表明,在轴承工业上,我国应站在战略的高度,予以更多更大的支持.

项目四 连接件

a

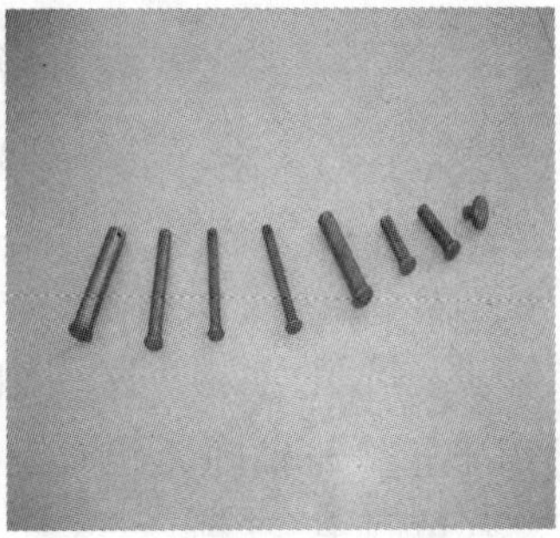

b

图 4-1

键和花键连接广泛应用于轴和轮毂零件之间的周向固定并且传递转矩，如图 4-1a 所示．其中，有的还能实现轴向固定以传递轴向力；有的则能实现轴向滑动连接．销连接主要用来固定零件的相互位置，通常只传递较小载荷．销还可用作安全装置，如图 4-1b 所示．成形连接和弹性环连接则是轴毂连接的其他形式，后者只能构成静连接．成形连接又称无键连接，用于轴毂连接时一般采用非圆形截面．

任务一　键与销

任务目标

一、任务目标

1．掌握平键连接的结构和标准，了解其类型与应用．

2．了解半圆键、楔键、切向键连接的功用与分类．

3．了解花键和销连接的类型、特点和应用．

4．理解销的作用，掌握其基本类型．

二、能力目标

培养学生应用能力，具备应用键和销的能力．

相关知识

一、键连接

键连接可分为平键连接、半圆键连接、楔键连接和切向键连接．

（一）平键连接

平键按用途分有三种：普通平键、导向平键和滑键. 平键的两侧面为工作面，是靠键和键槽侧面的挤压传递转矩，键的上表面和轮毂槽底之间留有间隙（图 4-2）. 平键连接具有结构简单、装拆方便、对中性好等优点，因而应用广泛.

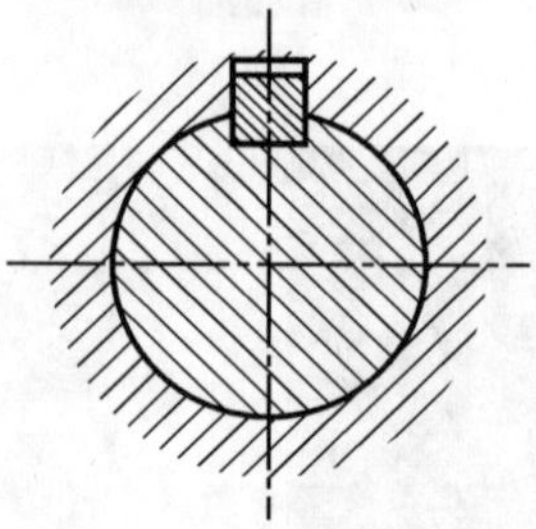

图 4-2　平键连接

普通平键用于轮毂与轴间无相对滑动的静连接. 按键的端部形状不同分为 A 型（圆头）、B 型（方头）、C 型（单圆头）三种.

A 型普通平键的轴上键槽用指状铣刀在立式铣床上铣出，槽的形状与键相同，键在槽中固定良好，工作时不松动，但轴上键槽端部应力集中较大，见图 4-3a.

B 型普通平键的轴上键槽是用盘状铣刀在卧式铣床上加工出来的，轴的应力集中较小，但键在轴槽中易松动，故对尺寸较大的键宜用紧定螺钉将键压在轴槽底部，见图 4-3b.

C 型普通平键常用于轴端的连接，见图 4-3c.

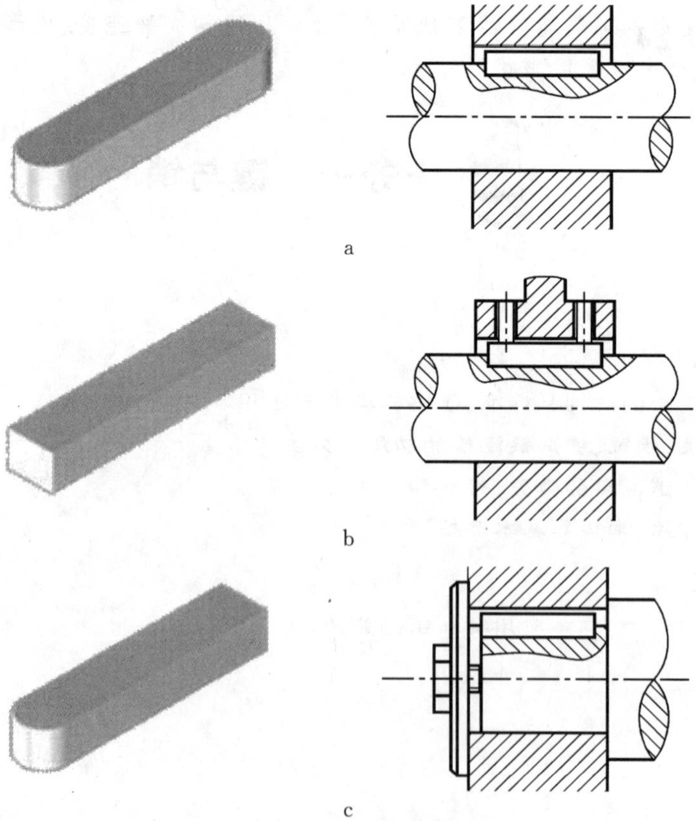

图 4-3　普通平键连接

导向平键和滑键均用于轮毂与轴间需要有相对滑动的动连接.导向平键用螺钉固定在轴上的键槽中,轮毂沿键的侧面作轴向滑动,如图 4-4.滑键则是将键固定在轮毂上,随轮毂一起沿轴上的键槽移动.导向平键用于轮毂沿轴向移动距离较小的场合,当轮毂的轴向移动距离较大时宜采用滑键连接.

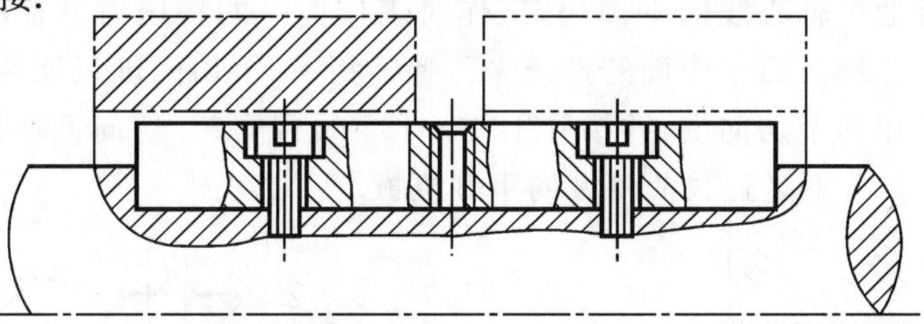

图 4-4 导向平键连接

平键的选择包括类型和尺寸两个方面.选择键连接类型时,一般需考虑传递转矩大小、轴上零件沿轴向是否有移动及移动距离大小、对中性的要求和键在轴上的位置等因素,并结合各种键连接的特点加以分析选择.键的截面尺寸(键宽 b 和键高 h)按轴的直径 d 在标准中选定;普通平键的长度 L 可根据轮毂的长度确定,可取键长等于或略短于轮毂的长度;导向平键的长度应按轮毂的长度及滑动距离而定,键的长度还须符合标准规定的长度系列.

(二)半圆键连接

半圆键连接的工作原理与平键连接相同.轴上键槽用与半圆键半径相同的盘状铣刀铣出,因此半圆键在槽中可绕其几何中心摆动以适应轮毂槽底面的斜度(图 4-5).半圆键连接的结构简单,制造和装拆方便,但由于轴上键槽较深,对轴的强度削弱较大,故一般多用于轻载连接,尤其是锥形轴端与轮毂的连接.

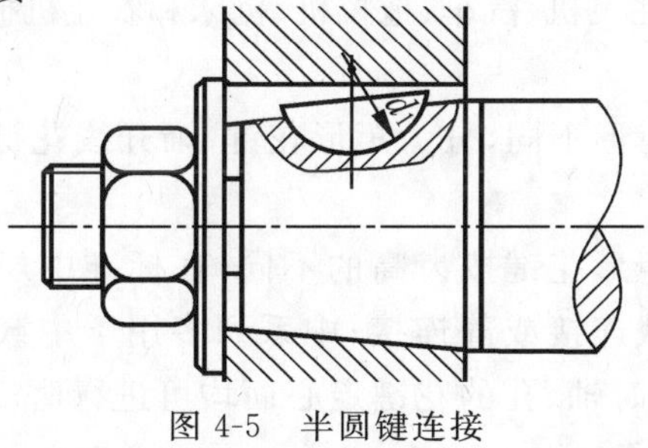

图 4-5 半圆键连接

(三)楔键连接

楔键的上下表面是工作面,键的上表面和轮毂键槽底面均有 1∶100 的斜度.装配后,键楔紧于轴槽和毂槽之间.工作时,靠键、轴、毂之间的摩擦力及键受到的偏压来传递转矩,同时能承受单方向的轴向载荷,如图 4-6 所示.

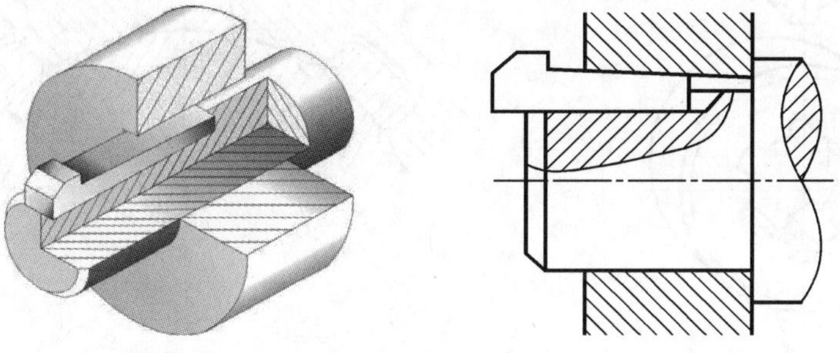

图 4-6 楔键连接

(四) 切向键连接

切向键由两个斜度为 1∶100 的普通楔键组成(图 4-7). 装配时两个楔键分别从轮毂一端打入,使其两个斜面相对,共同楔紧在轴与轮毂的键槽内. 其上、下两面(窄面)为工作面,其中一个工作面在通过轴心线的平面内,工作时工作面上的挤压力沿轴的切线作用. 因此,切向键连接的工作原理是靠工作面的挤压来传递转矩. 一个切向键只能传递单向转矩,若要传递双向转矩必须用两个切向键,并错开 120°~135°反向安装. 切向键连接主要用于轴径大于 100mm、对中性要求不高且载荷较大的重型机械.

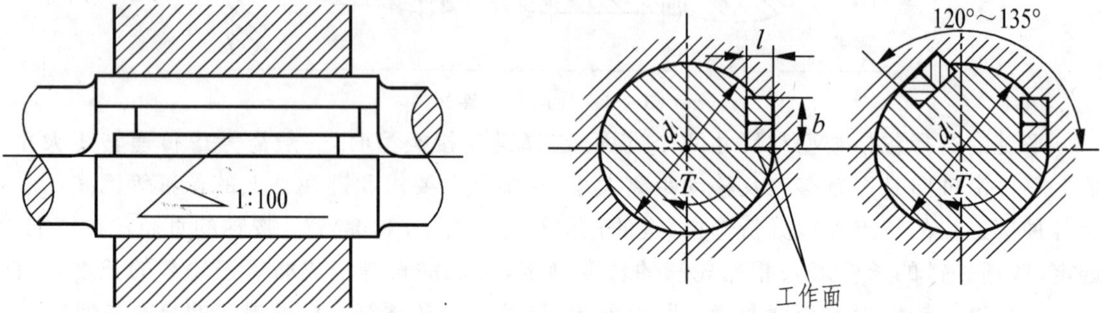

图 4-7　切向键连接

(五) 花键连接

1. 花键连接的特点

花键连接是由轴和轮毂孔上的多个键齿和键槽组成,如图 4-8 所示. 键齿侧面是工作面,靠键齿侧面的挤压来传递转矩. 花键连接具有较高的承载能力,定心精度高,导向性能好,可实现静连接或动连接. 因此,花键在飞机、汽车、拖拉机、机床和农业机械中得到广泛的应用.

2. 花键的分类

花键连接已标准化,按齿形不同,分为矩形花键、渐开线花键两种.

(1)矩形花键连接

为适应不同载荷情况,矩形花键按齿高的不同,在标准中规定了两个尺寸系列:轻系列和中系列. 轻系列多用于轻载连接或静连接;中系列多用于中载连接. 矩形花键连接的定心方式为小径定心(图 4-9),此时轴、孔的花键定心面均可进行磨削,定心精度高.

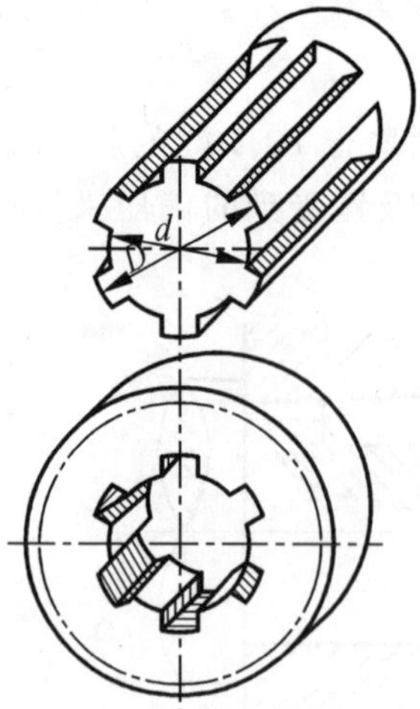

图 4-8　花键

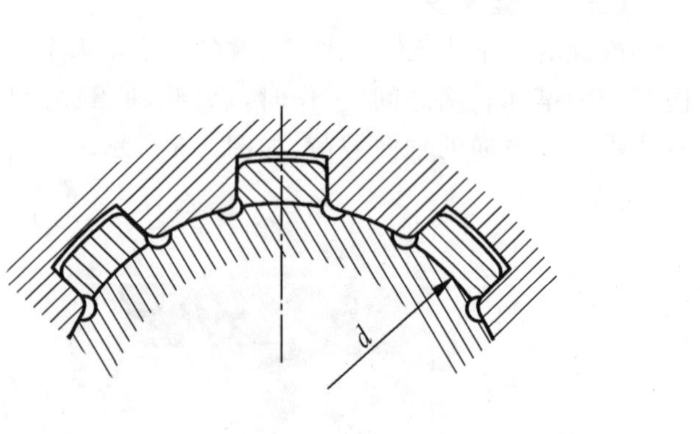

图 4-9　矩形花键连接

(2)渐开线花键连接

渐开线花键的齿形为渐开线，其分度圆压力角规定为 30°和 45°两种，如图 4-10 所示. 渐开线花键可以用加工齿轮的方法来加工，工艺性较好、制造精度较高、齿根部较厚、键齿强度高，当传递的转矩较大且轴径也较大时，宜采用渐开线花键连接. 压力角为 45°的渐开线花键由于键齿数多而细小，故适用于轻载和直径较小的静连接，特别适用于薄壁零件的连接. 渐开线花键连接的定心方式为齿形定心，由于各齿面径向力的作用，可使连接自动定心，有利于各齿受载均匀.

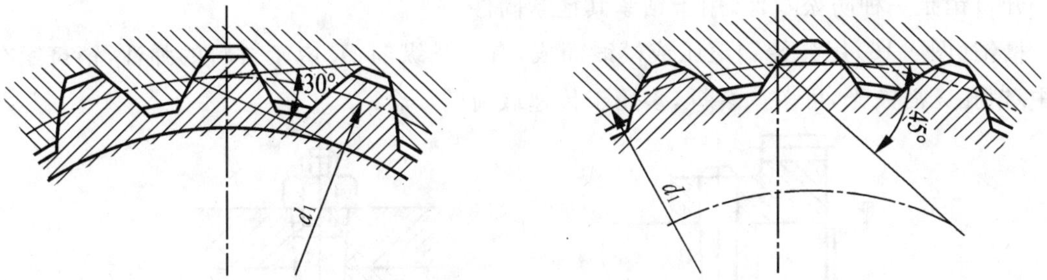

a $\alpha=30°$　　b $\alpha=45°$

图 4-10　渐开线花键

二、销连接

(一) 销的作用

销主要用于固定零件之间的相对位置，起定位作用(图 4-11)；也用于轴与毂的连接或其他连接(图 4-12)，可传递不大的载荷；还可作为安全装置中的过载剪断元件、过载保护元件(图 4-13).

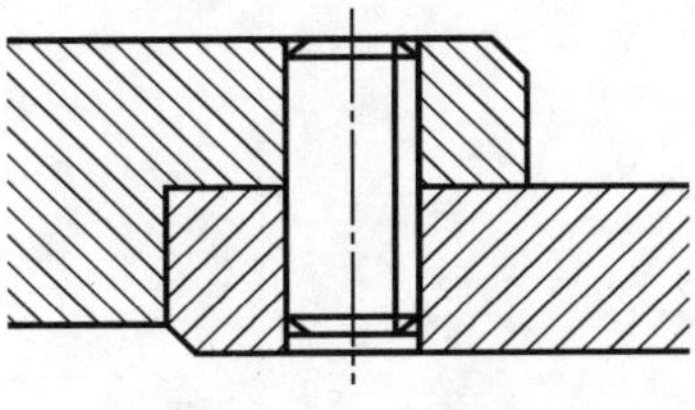

图 4-11　定位销

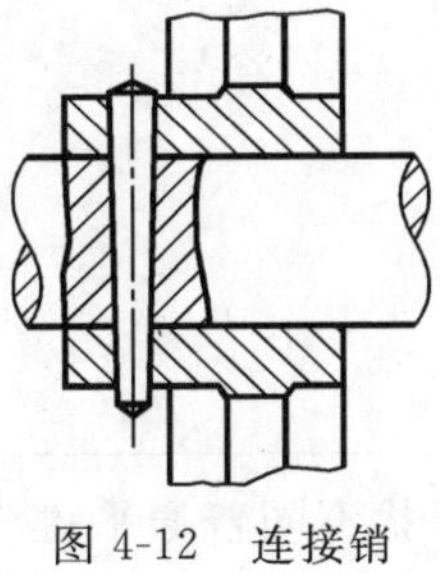

图 4-12　连接销

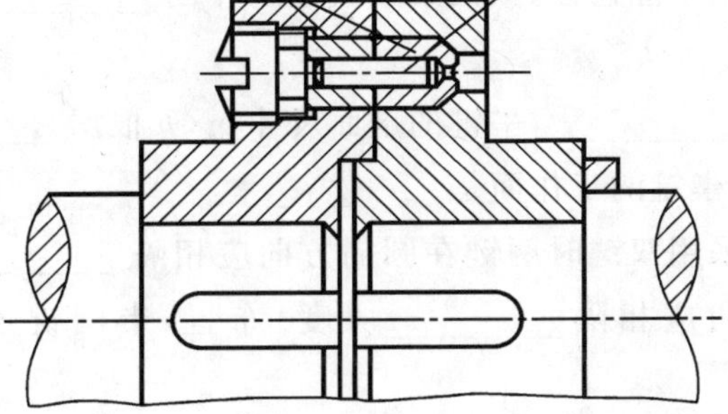

图 4-13　安全销

（二）销的基本形式

销的基本形式有圆柱销和圆锥销，此外，还有开口销、槽销及特殊形式的销等.

圆柱销靠微量过盈固定在孔中，经多次装拆会破坏连接的可靠性和定位精度；圆锥销具有 1∶50 的锥度，有可靠的自锁性，定位精度高，可多次装拆；开尾圆锥销(图 4-14)装入销孔后，将末端开口部分撑开可保证销不松脱；带外螺纹的圆锥销(图 4-15)适用于盲孔或拆卸困难的场合.

开口销是一种防松零件，用于锁紧其他紧固件.

槽销(图 4-16)用弹簧钢滚压或模锻而成，有三条纵向槽.由于材料的弹性，销挤紧在销孔中.销孔无需铰光，可多次装拆，多用于传递载荷的场合.

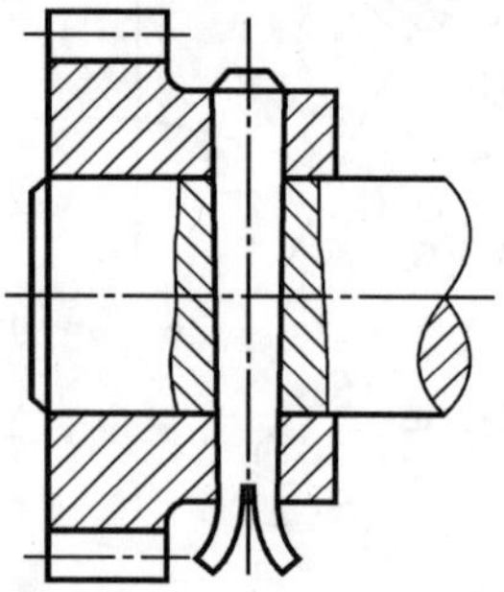

图 4-14　开尾圆锥销

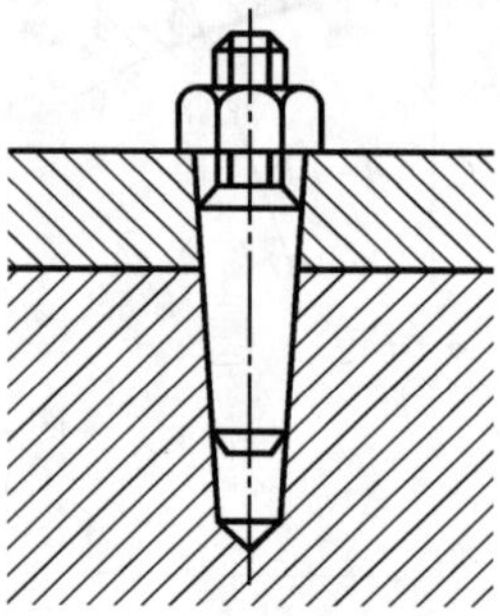

图 4-15　外螺纹圆锥销

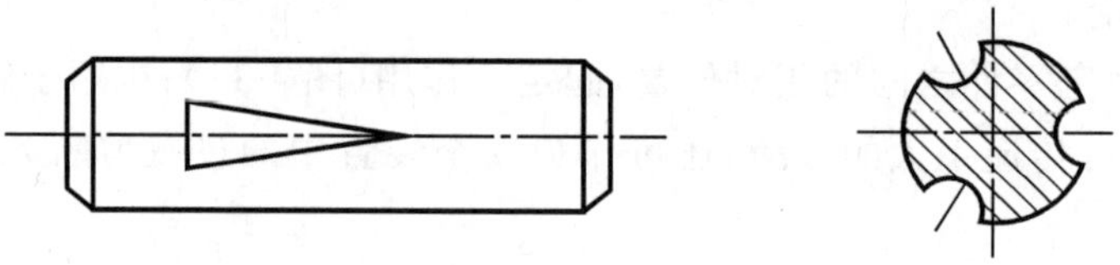

图 4-16　槽销

课堂检测

一、填空题

1.平键分为__________、__________和__________.

2.按键头部形状不同普通平键分为__________、__________和__________.

3.普通平键用于__________连接，导向键和滑键用于__________连接.

4.一般情况下平键用于静连接，其失效形式是工作面__________，用于动连接则失效形式是工作面__________.

5.平键的工作面是__________，平键的剖面尺寸 $b \times h$ 根据__________确定，键的长度 L 是根据__________确定；楔键的工作面是__________.

6.普通平键连接当采用双键时两键在圆周方向应相隔__________(度)布置；用双楔键连接时两键在圆方周向应相隔__________(度)布置；半圆键连接采用双键时则布置在__________.

7.C 型平键的端部形状是__________，适于__________处使用.

二、判断题

1. 普通平键的定心精度高于花键的定心精度.(　　)
2. 导向键的主要失效形式是剪断.(　　)
3. 滑键的主要失效形式不是磨损而是键槽侧面的压溃.(　　)
4. 楔键因具有斜度所以能传递双向轴向力.(　　)
5. 楔键连接不可用于高速转动零件的连接.(　　)
6. 传递双向转矩时应选用两个对称布置的切向键(两键在轴上位置相隔 180°).(　　)
7. 普通平键是标准件.(　　)

三、简答题

1. 普通平键应用在什么场合.
2. 简述矩形花键连接的特点及适用场合.
3. 销的作用与基本类型.

技能训练

试指出图 4-17 所示的键连接结构图中的错误,并将正确的结构图画出来.

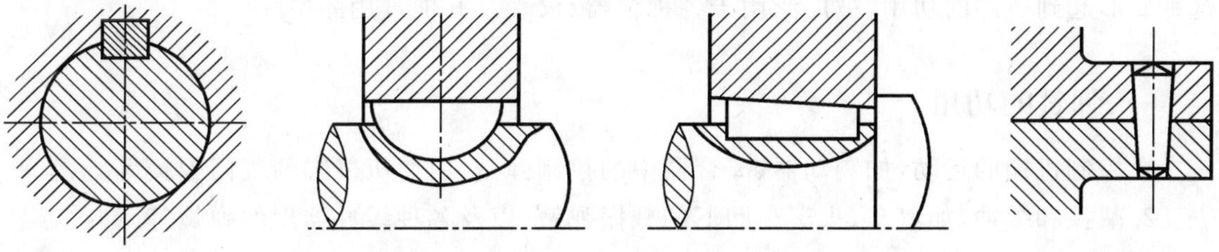

a　平键连接　　b　半圆键连接　　c　楔键连接　　d　销连接

图 4-17　键连接结构图

科学小常识

一个安全销引发的事故

2009 年 11 月 28 日 8 时 12 分,一架注册在津巴布韦的外航货运包机在上海浦东国际机场坠毁.机上共有 7 人,均为外籍.4 名机组人员获救,另外 3 人死亡.据专家称,这起事故的主因有可能是飞机主起落架安全销没拔,起落架不能正常收起,导致速度明显不够而冲出跑道坠毁.

飞机主起落架安全销是保证飞机主起落架在地面滑行时不会意外收上的锁定装置,飞机起飞前会将安全销拔出,如果安全销没拔就起飞,飞机起落架将无法收起.

补充:起落架转弯销是在拖飞机时要插的,作用是切断液压,使前轮自由转动.起落架安全销是在飞机长时间停放、大风停放、顶飞机时要插(装)上的,作用是把起落架锁在放下位,防止意外收起.不同飞机安全销相应有所区别:波音是用销子;空客是用一个管套,套在起落架的锁撑竿上.

任务二　弹簧

任务目标

一、任务目标

1. 了解弹簧的功用.

2. 了解弹簧的基本类型,掌握常用弹簧的特点及应用.

3. 了解弹簧的常用材料,掌握其选材的原则.

二、能力目标

能够根据弹簧的结构特征,分析其类型及功用.

相关知识

弹簧是一种弹性元件.它具有刚性小、弹性大、在载荷作用下容易产生弹性变形,并利用这种变形起到一定的功用,被广泛用于各种机器、仪表及其他日用品中.

一、弹簧的功用

1. 控制机构的运动,如制动器、离合器中的控制弹簧,内燃机气缸的气门弹簧等.

2. 减振和缓冲,如汽车、火车车厢下的减振弹簧,以及各种缓冲器用的弹簧等.

3. 储存及输出能量,如钟表弹簧、枪闩弹簧等.

4. 测量力的大小,如测力器和弹簧秤中的弹簧等.

二、弹簧的类型、特点及其应用

弹簧的类型很多,按照形状不同可分为螺旋形和其他形.螺旋形主要有圆柱螺旋弹簧、圆锥形螺旋弹簧,其他形主要包括环形弹簧、蝶形弹簧、平面涡旋弹簧、板弹簧等;按照载荷的形式可分为拉伸、压缩、扭转和弯曲.表 4-1 列出了常用弹簧的类型、特点及其应用.

三、弹簧的材料

弹簧在使用过程中,常受到交变冲击载荷,所以弹簧材料应当具有较高的弹性极限和疲劳极限,同时还应当具有足够的韧性和塑性,以及良好的热处理性能.

常用的弹簧材料有碳素钢,如沙发弹簧;低锰钢,如离合器弹簧;硅锰钢,如汽车、拖拉机的螺旋弹簧.

在选择材料时,应考虑到弹簧的用途、重要程度、使用条件(包括载荷性质、大小及其循环特性,工作持续时间,工作温度和周围介质情况),以及加工工艺、热处理工艺和经济性等因素.同时也要参照现有设备中使用的弹簧,选择出较为合适的材料.

表 4-1 常用弹簧的类型、特点及其应用

名称	图示	特点及应用
螺旋形弹簧	圆柱螺旋压缩弹簧 	承受压力.结构简单,制造方便,应用广泛,如气筒的减震弹簧.
	圆锥螺旋压缩弹簧 	承受压力.稳定性好,结构紧凑,可防止共振,多用于承受较大载荷和减振,如弹簧床、沙发.
	圆柱螺旋拉伸弹簧 	承受拉力,如健身器材、自行车车腿上的弹簧.
	圆柱螺旋扭转弹簧 	承受转矩.用于压紧和储能,如门的自动复位、电机中保持电刷的接触压力等.
其他形弹簧	环形压缩弹簧 	承受压力.由多个内圆锥面、外圆柱面的垫圈状弹簧钢和内圆柱面、外圆锥面的垫圈状弹簧钢交替叠加组合而成的弹簧.环形弹簧应用于空间受限且需要强力缓冲的场合.
	蝶形压缩弹簧 	承受压力,缓冲吸振能量强,储存能量大,如数控加工中心主轴的夹刀装置.
	平面涡旋扭转弹簧 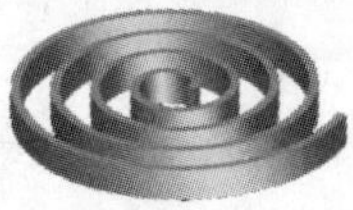	承受转矩.圈数越多,变形角越大,储存能量越大,多用作仪表中的储能弹簧.
	板弯曲弹簧 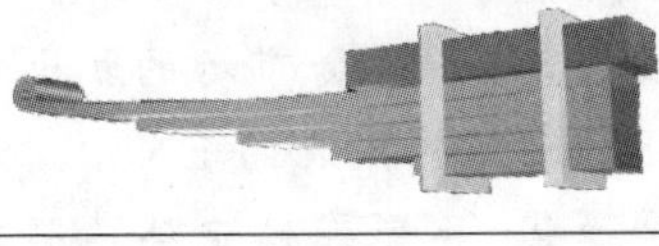	承受弯矩.主要用于汽车等交通工具的车厢悬挂装置中,起到减震和缓冲的作用.弹簧片之间的摩擦力可起到衰减振动和导向的作用.

课堂检测

一、填空题

1. 按照所承受的载荷不同，弹簧可分为________、________、________和________四种.

2. 按照形状不同，弹簧可分为________、________、________、________和________.

二、简答

1. 弹簧材料应当具有什么样的性能？

2. 制造弹簧常选用的材料有哪些？

技能训练

观察图 4-18 所示的汽车悬架结构，分析判断汽车悬架系统选用了哪种弹簧，起到了什么作用.

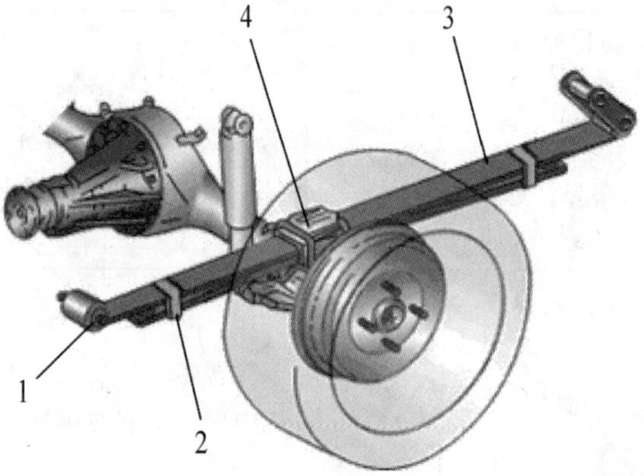

1—卷耳　2—弹簧夹　3—钢板弹簧　4—中心螺栓

图 4-18　汽车悬挂结构图

科学小常识

弹簧的发明与弹簧业

弹簧是机械和电子行业中广泛使用的一种弹性元件.弹簧在受载时能产生较大的弹性变形，把机械能或动能转化为弹性势能，而卸载后弹簧的变形消失并回复原状，将弹性势能转化为机械能或动能.弹簧只是个蓄能器，它有储存能量的功能，但不能慢慢地把能量释放出来，要实现慢慢释放这一功能应该靠“弹簧＋大传动比机构”，常见于机械表.

弹簧应用较早，古代的弓和弩就是两种广义上的弹簧.严格意义上的弹簧发明家应该是英国的科学家虎克(Robert Hooke)，提出了“虎克定律”——弹簧的伸长量与所受的力的大小成正比.正是根据这一定律，1776 年，使用螺旋压缩弹簧的弹簧秤问世.不久，根据这一定律制作的专供钟表使用的弹簧也被虎克本人发明出来.碟形弹簧是法国人贝勒维尔发明的，是用金属板料或锻压坯料制成的截锥形截面的垫圈式弹簧.

20 世纪初期，我国很少有专业生产弹簧的机械设备，随着弹簧市场的扩大，专业弹簧设备企业逐渐崛起，如东北弹簧机械(EN 侨鼎)、光弘(KHM)等.东北的 EN502 万能机弹簧制造设备采用专有的机械机构，能方便快捷地生产各种弹簧、异型弹性元件；光弘的设备是生产压簧和拉簧的高速设备．国外也有很多专业弹簧生产设备制造商，如瓦菲奥斯，MEC 制造弹簧设备等．目前国内的大型弹簧数控热卷机还是空白．

近代工业化兴起后，世界上每年都会出现数量繁多的弹簧制造商，但随着历史的沉淀，多数弹簧制造商如同昙花一现，遵循着不过三代的历史规律而消失．而在 1857 年开创的美国联合弹簧公司一直发展到现在，并且成为全球最大的弹簧制造公司，引领着世界弹簧领域新产品的研发和生产．

任务三　联轴器、离合器、制动器

知识目标

1．了解联轴器、离合器和制动器的功用、分类及特点．

2．熟悉联轴器与离合器的区别，掌握几种常用的联轴器、离合器和制动器的结构及使用场合．

能力目标

1．根据工作条件能选择最合适的联轴器、离合器或制动器．

2．初步了解常用联轴器、离合器和制动器的结构．

相关知识

联轴器和离合器是机械传动中常用的部件，如图 4-19 所示，它们主要用来连接不同部件之间的两根轴或轴与其他回转零件，使其一起转动并传递转矩，有时也可用做安全装置．所不同的是，在机械运转过程中，用联轴器实现的连接不能被断开，而用离合器实现的连接则可通过操纵机构或自动控制装置随时断开或接通．

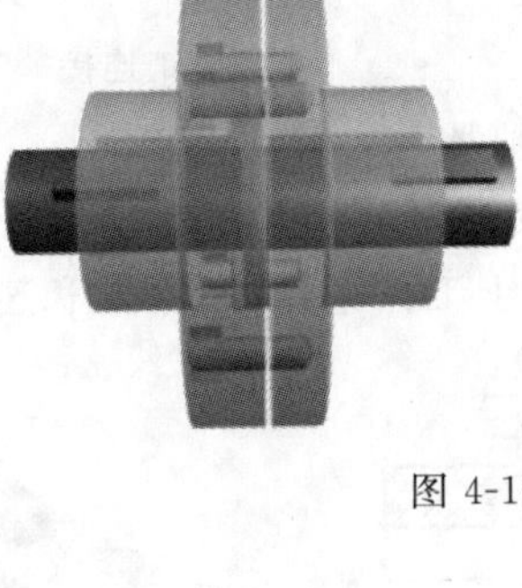

图 4-19　联轴器和离合器

一、联轴器

由于制造及安装误差、承载后变形、工作温度变化等影响，联轴器所连接的两轴轴线往往不能共线(对中)，且在工作时两轴之间可能还会产生一定范围的相对位移，如图 4-20 所示．如果联轴器不具备适应这些情况的补偿能力，就会在联轴器、轴和轴承中产生附加载荷，甚至引起强烈振动，因此可将联轴器分为刚性联轴器、无弹性元件挠性联轴器和弹性元件挠性联轴器．

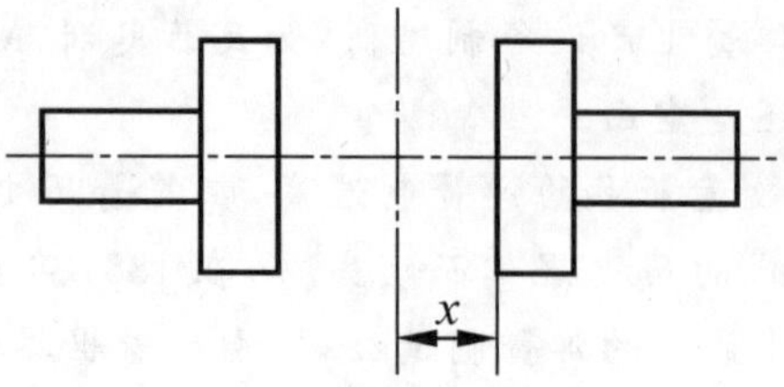

a　轴向位移

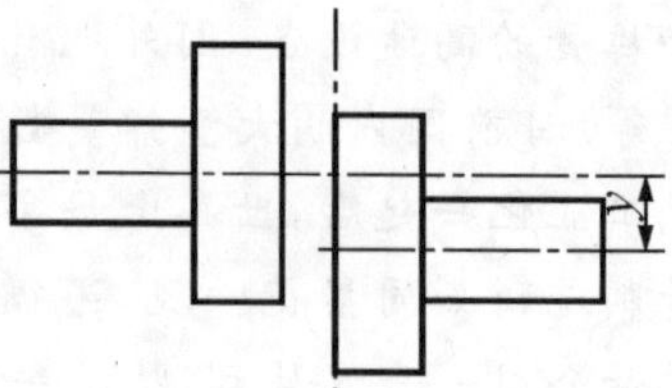

b　径向位移

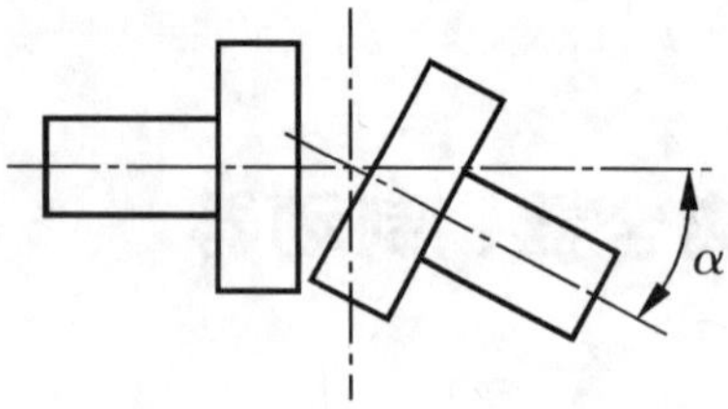

c　角位移

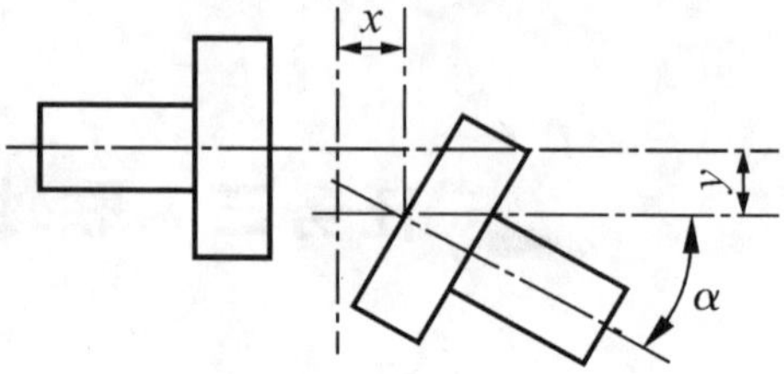

d　综合位移

图 4-20　两轴间的相对位移

（一）刚性联轴器

刚性联轴器具有结构简单、成本低的优点.组成刚性联轴器的各元件连接后成为一个刚性的整体,工作中没有相对运动,但对被连接的两轴之间的相对位移缺乏补偿能力,故要求被连接的两轴要严格对中.刚性联轴器常用于无冲击、无位移补偿要求的场合.这类联轴器常见的有套筒联轴器和凸缘联轴器.

套筒联轴器如图 4-21a、b 所示,结构简单,径向尺寸小,但传递转矩较小,不能缓冲和吸振,被连接的两轴必须严格对中,装拆时轴需要做轴向移动,常用于机床传动系统中.此种联轴器没有标准,需要自行设计.

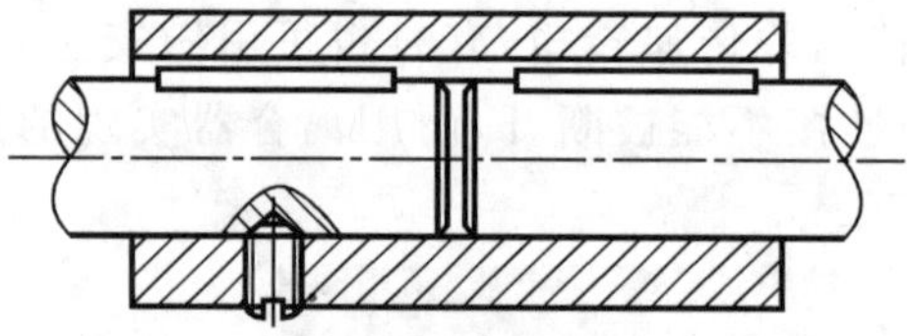

a　键连接

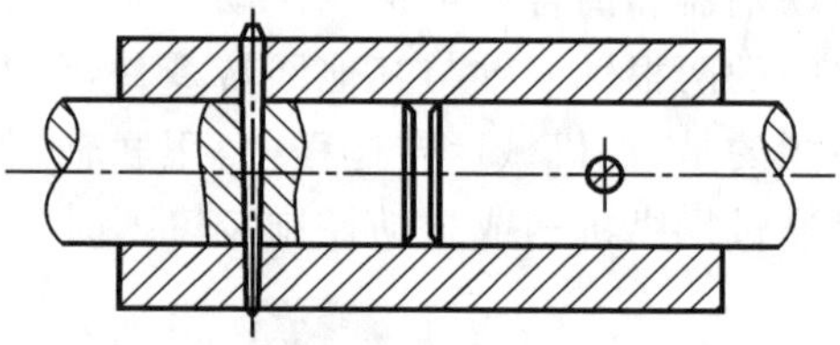

b　销连接

图 4-21　套筒联轴器

凸缘联轴器如图 4-22 所示,结构简单,对中精度高,传递转矩较大,但不能缓冲和吸振,要求被连接的两轴必须安装准确,对中性好.它适用于工作平稳、刚性好和速度较低的场合.

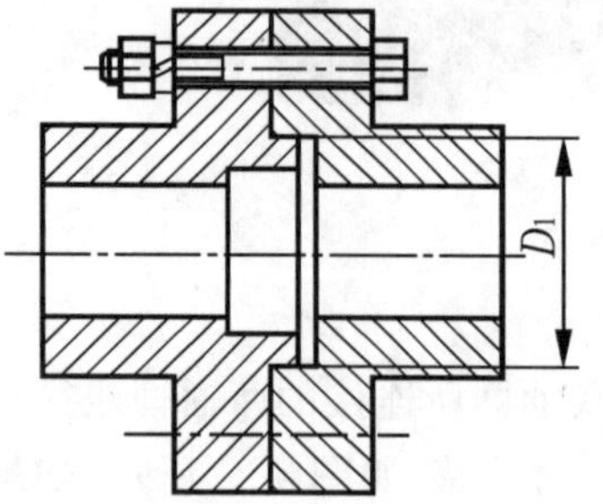

a　YLD 型

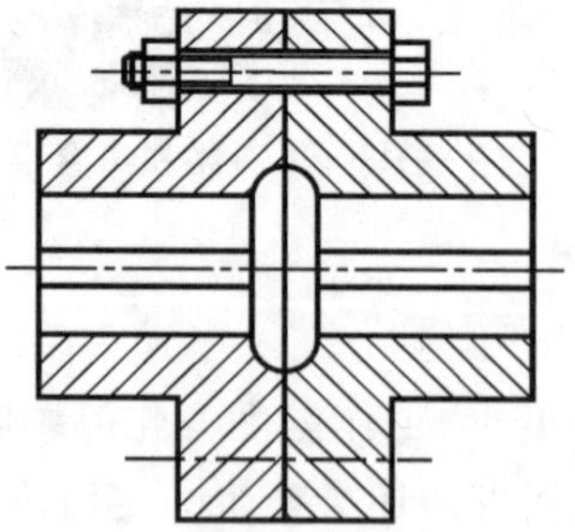

b　YL 型

图 4-22　凸缘联轴器

(二) 无弹性元件挠性联轴器

由于这类联轴器无弹性元件,位移的补偿是利用联轴器中各零件间的相对移动来实现的,所以通常不能缓冲和减振.常见的有十字滑块联轴器、齿式联轴器、万向联轴器.

1.十字滑块联轴器　如图 4-23 所示,结构简单,径向尺寸小,但中间圆盘的偏心将会引起很大的离心力,从而增大动载荷及磨损,故只用于最高转速小于 250r/min、载荷平稳的场合.如果将中间圆盘制成空心,可减轻其质量,从而减小上述不利影响.

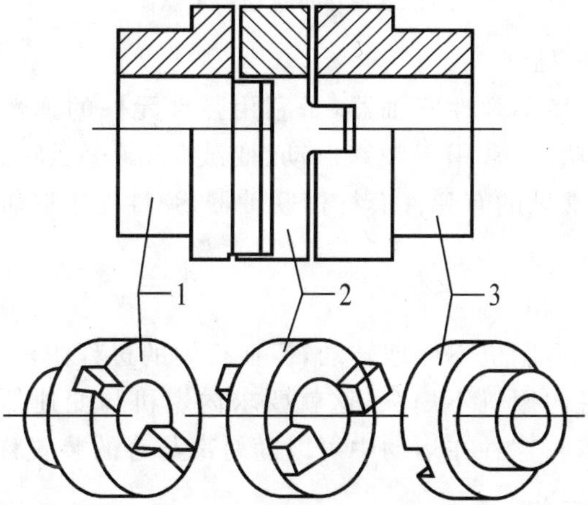

图 4-23　十字滑块联轴器

2.齿式联轴器　如图 4-24 所示,承载能力大,外廓尺寸较紧凑,可靠性高,安装精度要求不高,具有补偿综合位移的能力,且补偿量较大,但结构复杂,制造成本高,不适用于立轴,通常在高速重载的重型机械中使用.

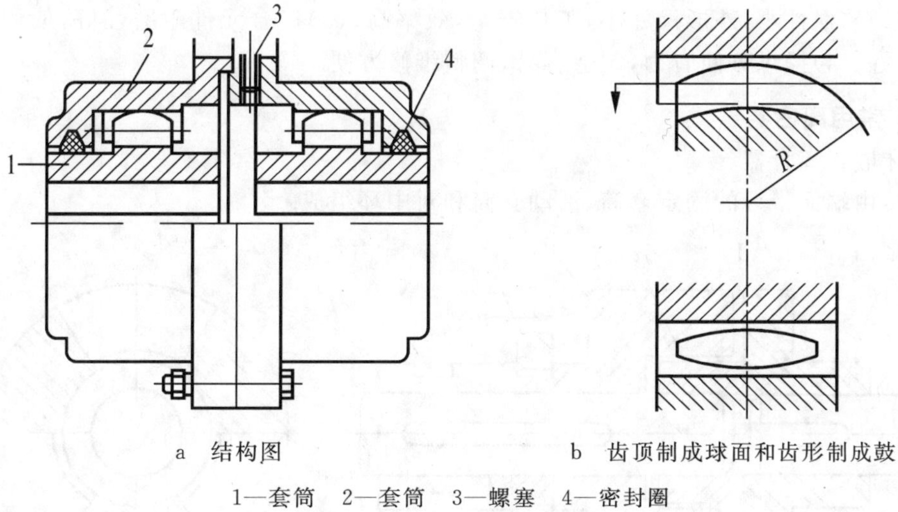

a　结构图　　　　b　齿顶制成球面和齿形制成鼓形

1—套筒　2—套筒　3—螺塞　4—密封圈

图 4-24　齿式联轴器

3.万向联轴器　如图 4-25 所示,结构紧凑,维修方便,能补偿较大的角位移,广泛应用于汽车、拖拉机、轧钢机和金属切削机床等机械设备中.

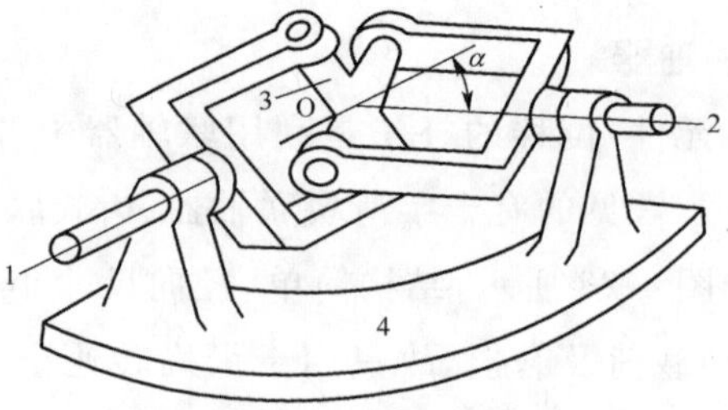

1、2—叉轴　3—十字轴　4—支架

图 4-25　万向联轴器示意图

(三) 弹性元件挠性联轴器

弹性元件挠性联轴器简称弹性联轴器，是利用弹性元件的弹性变形来补偿两轴间相对位移的，具有缓冲和吸振功能. 常用于频繁启动、变载荷、高速运转、经常正反转工作和两轴不便于严格对中的场合. 常见的有弹性套柱销联轴器、弹性柱销联轴器、块联轴器.

二、离合器

汽车、火车启动之后，内燃机不停地转动，但在行驶的过程中汽车、火车速度要不断地变化，有时候还要停下来，且内燃机不熄火，这就要求内燃机与变速器之间有一种离与合的装置来控制汽车、火车的运动，这种在运动中可以随时离与合的装置称为离合器.

(一) 离合器作用与特点

1. 离合器作用：(1)在机器运转过程中，使两轴随时接合或分离；(2)用来操纵机器传动的断续，以便进行变速或换向.

2. 离合器的分类：按其工作原理可分为嵌入式、摩擦式.

3. 对离合器的基本要求：(1)接合平稳无冲击，分离迅速而彻底，动作准确可靠；(2)结构简单，重量轻，惯性小，外形尺寸小，工作安全，效率高；(3)接合元件耐磨性好，使用寿命长，散热条件好；(4)操纵方便省力，制造容易，调整维修方便.

(二) 常用离合器

(1)牙嵌式离合器

结构：由端面带牙的固定套筒、活动套筒和对中环组成.

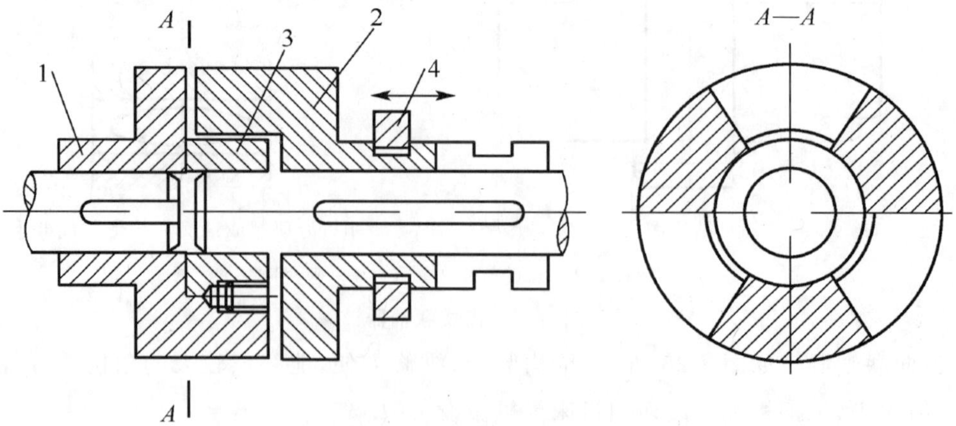

1、2—半离合器　3—对中环　4—操纵机构

图 4-26　牙嵌离合器

工作原理：利用操纵杆移动滑环，实现两套筒的结合与分离. 牙嵌离合器是由两个端面带牙的半离合器所组成，如图 4-26 所示. 图中半离合器 1 固连在主动轴上，半离合器 2 用导键(或花键)与从动轴连接. 通过操纵机构 4 可使半离合器 2 沿导键作轴向运动，两轴靠两个半离合器端面上的牙相互嵌合来连接. 为了使两轴对中，在半离合器 1 上固定有对中环 3，而从动轴可以在对中环中自由地转动.

2. 单片式圆盘摩擦离合器

结构：由固定圆盘、活动圆盘和滑环组成.

工作原理：移动活动圆盘，可实现两圆盘的结合与分离，靠摩擦力带动从动轴转动. 单片式摩擦离合器如图 4-27 所示，主动盘 1 固定在主动轴上，从动盘 2 通过导键与从动轴连接，可以沿轴向滑动. 为了增加摩擦系数，在一个盘的表面上装有摩擦片 3，摩擦片常用淬火钢片或压制石棉片材料制成. 工作时利用操纵机构 4 在可移动的从动盘上施加轴向压力(可由弹簧、液压缸或电磁吸力等产生)，使两盘压紧，圆盘间便产生圆周方向的摩擦力，从而实现转矩的传递.

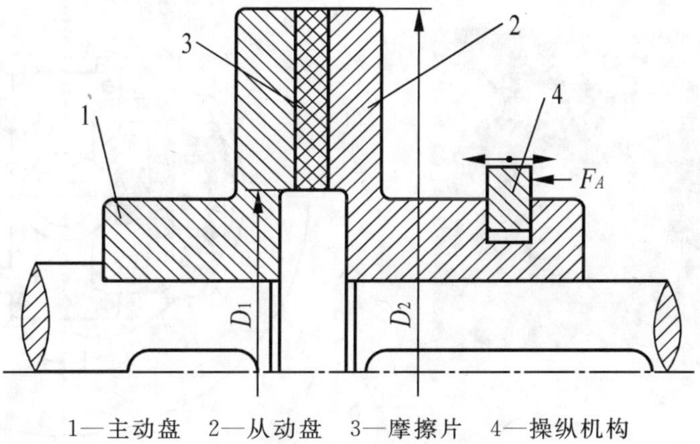

1—主动盘　2—从动盘　3—摩擦片　4—操纵机构

图 4-27　单片式摩擦离合器

三、制动器

(一) 制动器的类型、特点

制动器与联轴器、离合器不同，是利用摩擦力矩来消耗机器运动部件的动能，降低机器转速或使其停止运动，从而实现制动的装置. 其动作迅速、可靠，是机器中不可或缺的安全装置. 其摩擦副耐磨，易散热. 制动器通常装在机构中转速较高的轴上，这样所需制动力矩和制动器尺寸可以小一些.

按照制动零件的结构特征分，有带式、块式、盘式等形式的制动器.

1. 带式制动器

利用制动带的内侧面作为摩擦副接触面的制动器. 汽车自动变速器中的带式制动器，采用一条内敷摩擦材料的制动带，包绕在转鼓的外圆表面，制动带的一端固定在变速器壳体上，另一端则与制动油缸中的活塞相连，如图 4-28 所示. 当制动油进入制动油缸后，压缩活塞复位弹簧推动活塞，进而使制动带的活动端移动，箍紧转鼓. 由于转鼓与行星齿轮机构中的某一部件构成一体，所以箍紧转鼓即意味着夹持固定了该部件，使其无法转动. 制动油压力解除后，复位弹簧使活塞在制动油缸中复位，并拉回制动带活动端，从而松开转鼓，解除制动.

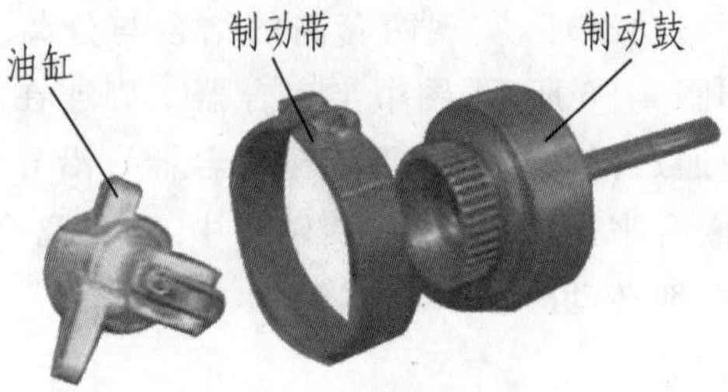

图 4-28

2. 块式制动器

块式制动器是用制动瓦总成内圆柱面作为摩擦副接触面的制动器. 块式制动器有外抱式(图 4-29)和内张式(图 4-30)两种. 单个制动块对制动轮轴压力大而不均匀，故通常用一对制动块，使制动轮轴上所受制动块的压力相互抵消.

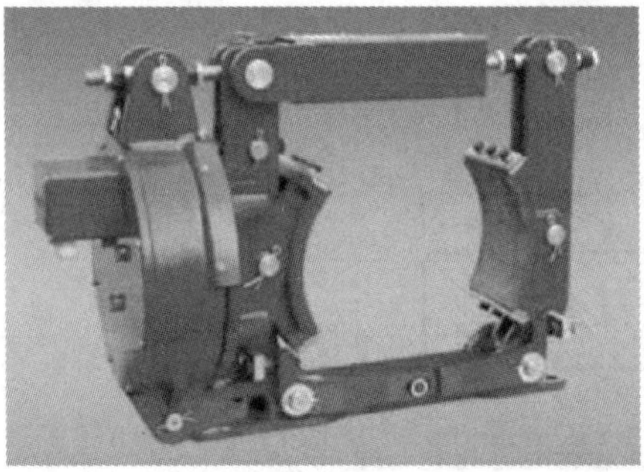
图 4-29

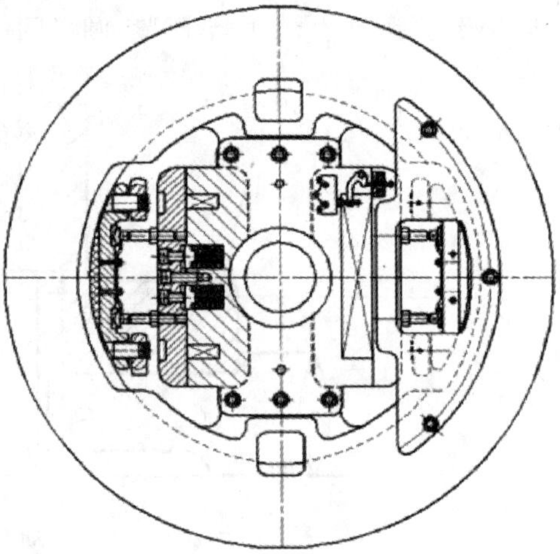
图 4-30

3. 盘式制动器

盘式制动器如图 4-31 所示，由液压控制，主要零部件有制动盘、分泵、制动钳、油罐等. 制动盘用合金钢制造并固定在车轮上，随车轮转动，分泵固定在制动器的底板上固定不动，制动钳上的两个摩擦片分别装在制动盘的两侧，分泵的活塞受油管输送来的液压作用，推动摩擦片压向制动盘发生摩擦制动，动作起来就好像用钳子钳住旋转中的盘子，迫使它停下来一样. 盘式制动器沿制动盘轴向施力，制动轴不受弯矩，径向尺寸小，制动性能稳定.

图 4-31

课堂检测

一、填空

1. 联轴器与离合器在机械中所起的作用是______________________.两者的区别是联轴器______________________,而离合器______________________.

2. 制动器的作用是______________________.

二、选择题

1. 汽车底盘传动轴应该选用(　　).

A. 齿轮式联轴器　　B. 万向联轴器

C. 弹性柱销联轴器　　D. 滑块联轴器

2. 起重机、轧钢机等重型机械中应选用(　　).

A. 齿轮式联轴器　　B. 万向联轴器

C. 弹性柱销联轴器　　D. 滑块联轴器

3. 在对中精度要求较高,载荷平稳的两轴连接中,宜采用(　　).

A. 凸缘联轴器　　B. 滑块联轴器

C. 万向联轴器　　D. 弹性柱销联轴器

4. 在窜动量较大,正反转启动频繁的传动中,宜采用(　　).

A. 弹性套柱销联轴器　　B. 弹性柱销联轴器

C. 滑块联轴器　　D. 刚性可移式联轴器

技能训练

拆开一个摩托车的离合器看看,它是由哪些部分组成,它是怎么工作的.

科学小常识

ABS防抱死制动系统

现代汽车上大量安装防抱死制动系统,简称ABS.ABS一般由车轮速度传感器、发动机转速传感器、电磁阀、计算机(电脑)和液压控制单元(液压调节器)组成.防抱死制动系统具有增加制动时的稳定性,缩短制动距离,防止轮胎过度磨损,以及使用方便、工作可靠等特点,是目前汽车上最先进、制动效果最佳的制动装置.

ABS工作原理:在踩下刹车时,阀体内的一个橡胶气囊给予刹车油压力,充斥到ABS的阀体中,此时气囊利用中间的空气隔层将压力返回,使车轮避过锁死点.当车轮即将到达下一个锁死点时,刹车油的压力使得气囊重复作用,如此在一秒钟内可作用60～120次.因此,ABS防抱死系统能防止在紧急刹车时使车轮被锁死而侧滑,避免方向失控,不让轮胎在一个点上与地面摩擦,从而加大摩擦力,使刹车效率达到90%以上.

项目五　常用机构

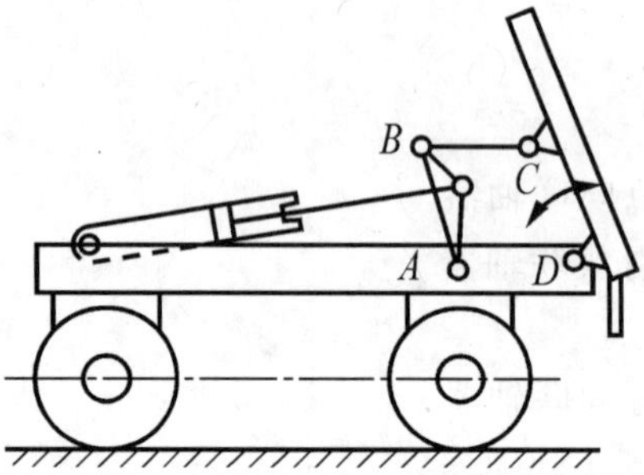

图 5-1

在日常的生活中,我们看见过如图 5-1 这种汽车的翻斗机构,你是否想知道翻斗机构里面的主要结构和运动是怎样的呢?

任务一　铰链四杆机构在生活中的应用

任务目标

一、知识目标

1. 了解平面运动副及其分类,了解运动简图.
2. 熟悉平面四杆机构的基本类型、特点、应用.
3. 具有识别平面四杆机构的能力.
4. 了解铰链四杆机构两个特征的应用.
5. 能根据机构的结构特性,分析机构,解决问题.

二、能力目标

能根据工作条件选择最合适的四杆机构.

相关知识

一、平面机构

构件是机械运动的基本单元,机构是用运动副连接起来的构件系统,用于传递运动和力,另外机构还可以用来改变运动形式,前提是组成机构的构件之间必须有确定的相对运动.

平面连杆机构中各构件用低副连接组成,且各构件在同一平面内或互相平行的平面内.

(一) 运动副

两构件直接接触并能保持一定形式的相对运动(两者配合运动)的连接称为运动副.例如,活塞与气缸的连接.根据运动副中两构件间的接触形式不同,运动副又分为低副和高副.

1.低副

两构件间以面接触的运动副,称为运动低副.低副又分为转动副、移动副、螺旋副.

(1)转动副:若运动副只允许两构件在接触处有相对转动,则称该运动副为转动副,也称铰链.如图 5-2 所示,构件 1 和构件 2 的连接即为转动副.

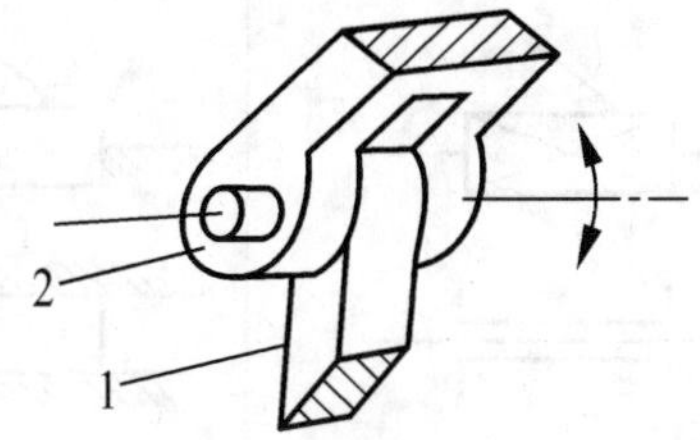

图 5-2

(2)移动副:若运动副只允许两构件沿接触面某一方向相对滑移,则称该运动副为移动副.如图 5-3 所示,两构件 1 和 2 之间即构成移动副.

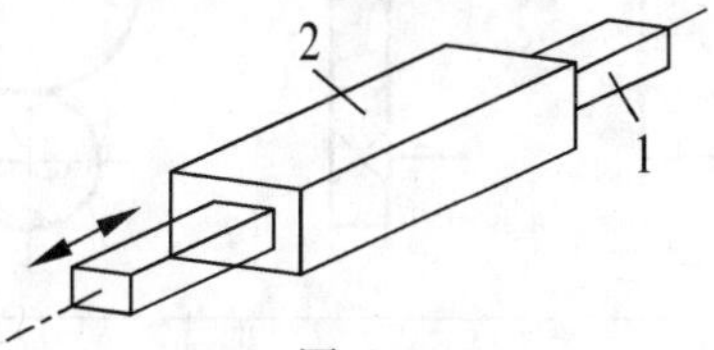

图 5-3

(3)螺旋副:两构件在接触处只允许做螺旋运动的运动副称为螺旋副.如图 5-4 所示,丝杠与螺母组成运动副.

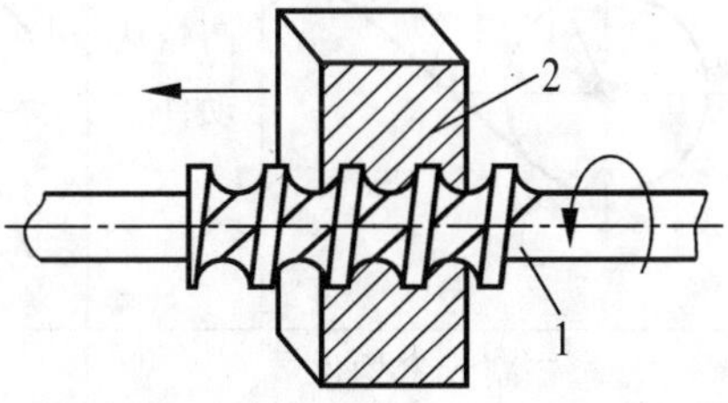

图 5-4

2.高副

两构件通过单一点或线接触组成的运动副称为高副.如图 5-5 所示的凸轮 1 与从动杆 2、齿轮 1 与齿轮 2 构成的连接都是高副.

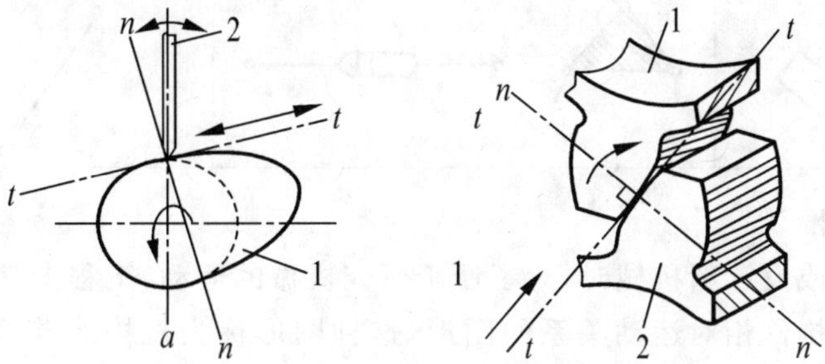

a 凸轮接触　　b 齿轮接触

图 5-5

表 5-1　运动副、构件的表示法

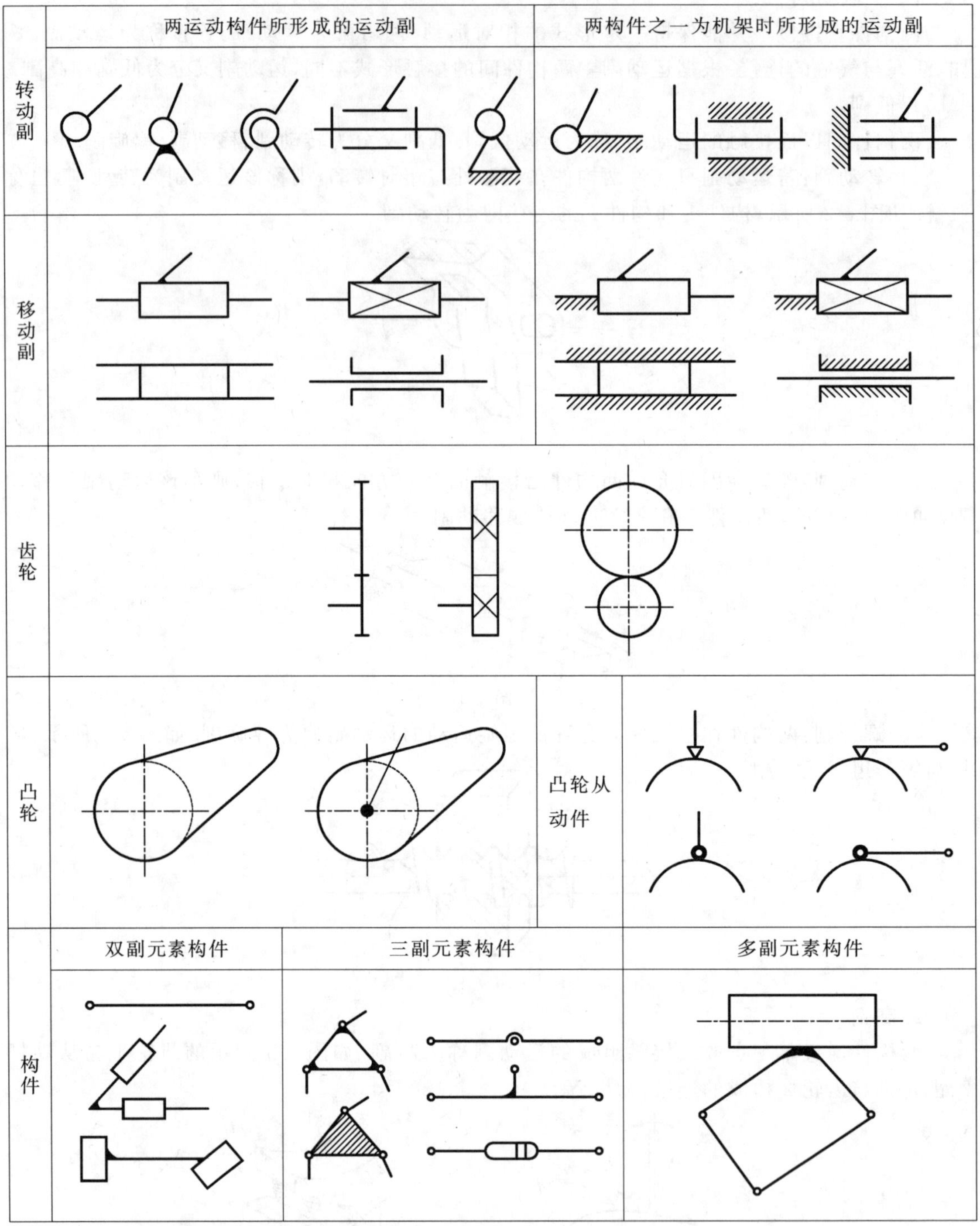

（二）运动简图

分析已有机械或设计新机械时，为了便于研究机械的运动，工程上常用规定的符号和线条绘出能够表达各构件相对运动关系的图形，这种图形称为机构运动简图，如图 5-6 所示．在运动简图中常将运动副和构件用简单符号和线条表示．常用运动副及构件的代表符号见表 5-1 所示．

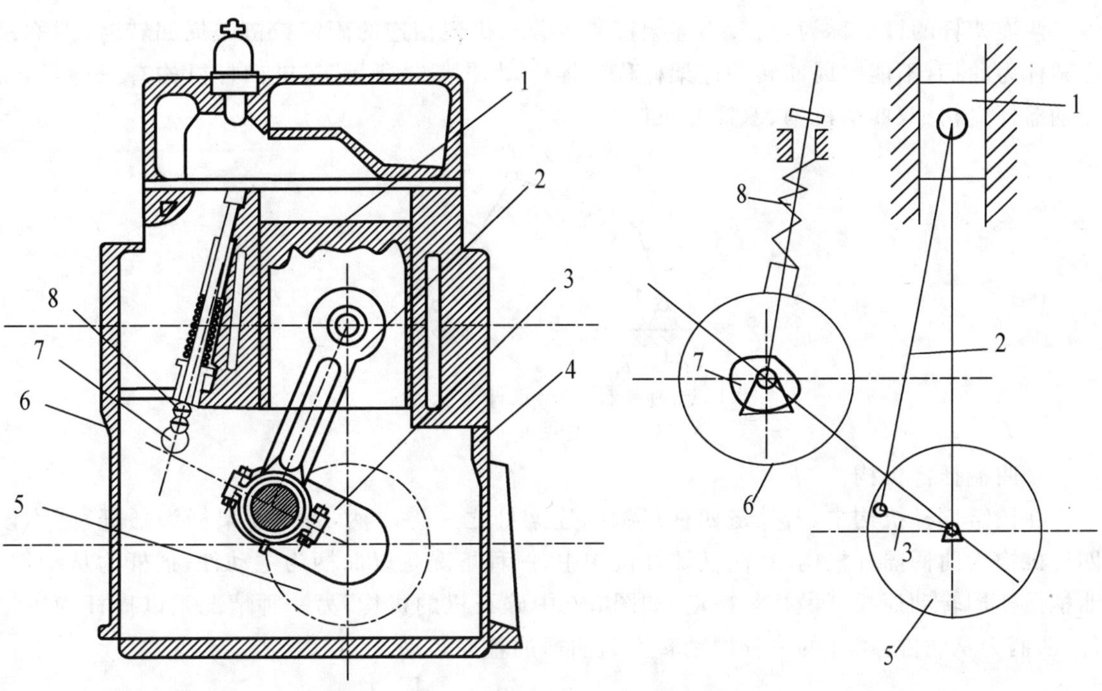

a　内燃机　　　　　　b　机构运动简图

1—活塞　2—连杆　3—曲轴　4—机体　5、6—正时齿轮　7—凸轮　8—阀杆

图 5-6

（三）机构中构件的分类和组成

根据运动副的性质组成，机构的构件可分为三类，如图 5-7 所示．

1. 主动件（原动件）：机构中有驱动力或有驱动力矩作用的构件（图中构件 1）．

2. 从动件：机构中除主动件以外的运动构件（图中构件 2、3）．

3. 固定构件（机架）：机构中用于支承运动构件的部分（图中构件 4）．

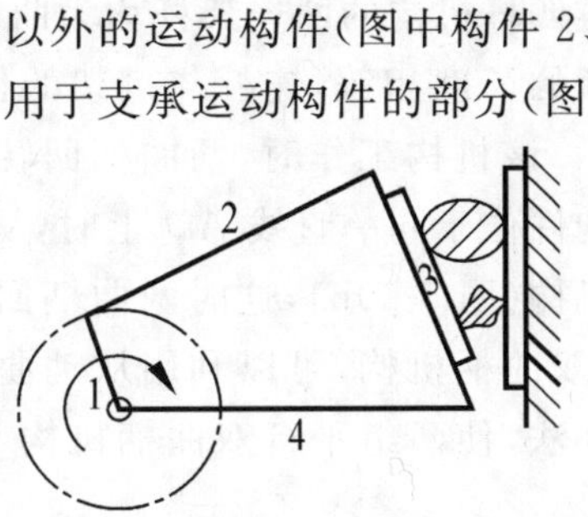

1—主动件　2、3—从动件　4—固定构件

图 5-7

二、铰链四杆机构

平面连杆机构的类型很多，应用很广，最简单的是四个构件全部用转动副组成的铰链四杆机构．

（一）铰链四杆机构的种类

在铰链四杆机构中，固定不动的杆 4 称为机架；与机架相连的杆 1 和杆 3 称为连架杆；

连接两连架杆的杆 2 称为连杆. 当连架杆能绕着与机架相连的固定铰链整周回转时，则称该连架杆为曲柄，不能整周回转的连架杆称为摇杆，如图 5-8 所示. 铰链四杆机构有三种形式：曲柄摇杆机构、双曲柄机构、双摇杆机构.

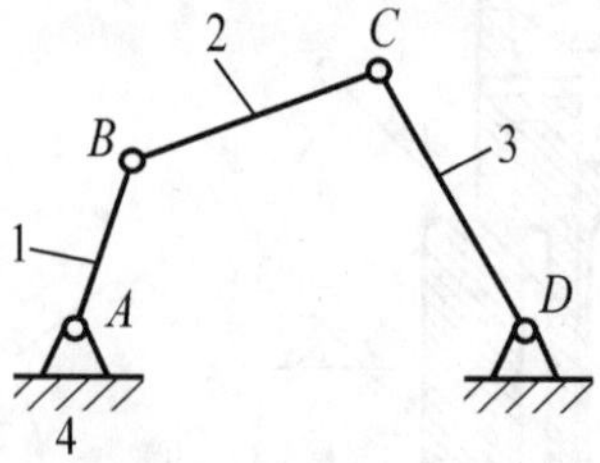

1、3—连架杆　2—连杆　4—机架

图 5-8

1. 曲柄摇杆机构

在铰链四杆机构中，若铰链四杆机构两连架杆之一为曲柄，另一连架杆为摇杆，则称该四杆机构为曲柄摇杆机构. 在曲柄摇杆机构中，一种情况是以曲柄为主动件，摇杆为从动件，曲柄做整周转动而摇杆做往复摆动，如图 5-9 中碎石机的机构；另一种情况是以摇杆为主动件，曲柄为从动件，摇杆的往复摆动转换为曲柄的整周转动.

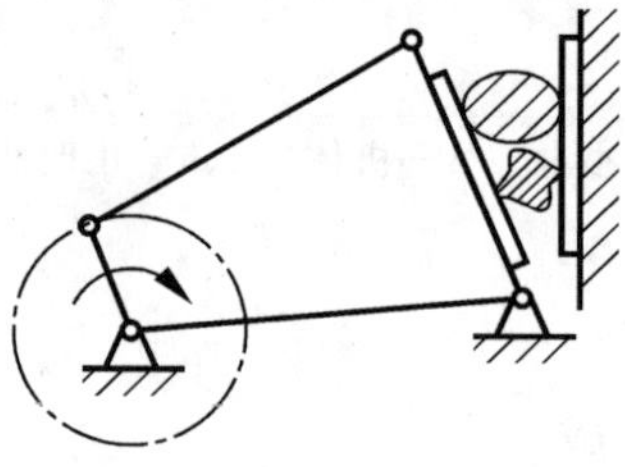

图 5-9

2. 双曲柄机构

在铰链四杆机构中，若铰链四杆机构的两连架杆均为曲柄，则称为双曲柄机构.

在双曲柄机构中，若两曲柄的长度相等，连杆与机架的长度也相等，则该机图构称为平行双曲柄机构，如图 5-10a 所示. 该机构工作时，两曲柄回转方向相同，角速度相等，但当主动曲柄 1 回转方向不变，而各构件位于同一直线 AD 上时，从动曲柄 3 的回转方向就不确定了，有可能转变为反向双曲柄机构（图 5-10b），这时两曲柄回转方向相反，角速度不等. 为防止平行双曲柄机构转化为反向双曲柄机构，可以利用从动曲柄本身或附加质量的惯性来导向；也可采用机构错位配置的办法，使两组平行双曲柄机构不同时处于可能反向的位置，以保证机构正常运转.

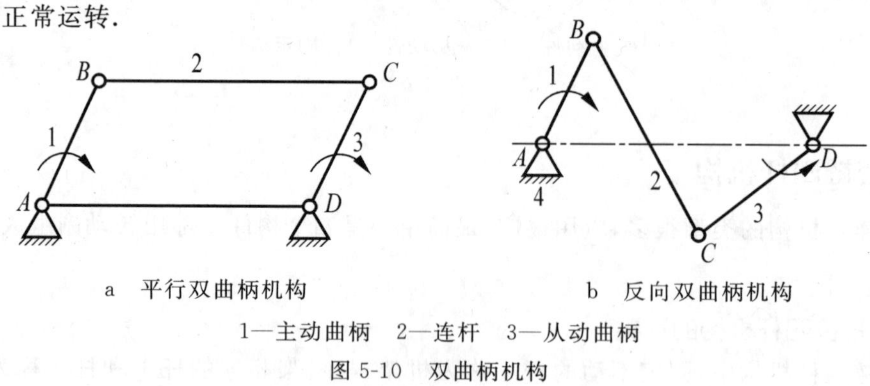

a　平行双曲柄机构　　　　b　反向双曲柄机构

1—主动曲柄　2—连杆　3—从动曲柄

图 5-10　双曲柄机构

双曲柄机构的应用较多，图 5-11 为机车车轮联动机构，是平行双曲柄机构. 该机构为防止转化为反向双曲柄机构，采用机构错位配置办法解决. 反向双曲柄机构应用较少，图 5-12 为客车车门开闭机构，为反向双曲柄机构，当主动曲柄 AB 转动时，通过 BC 使从动曲柄 CD 向反方向转动，保证两车门能同时开闭至预定位置.

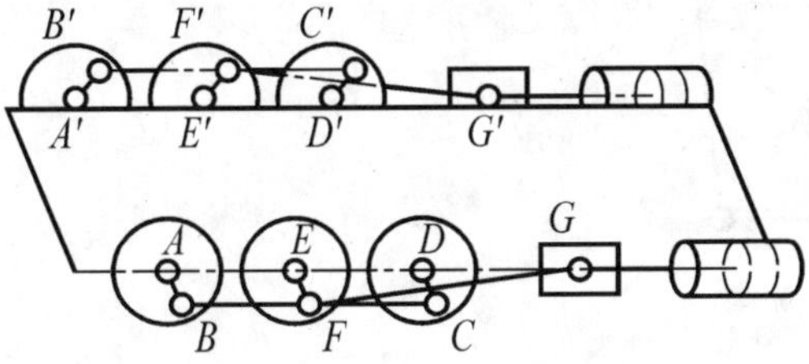

图 5-11

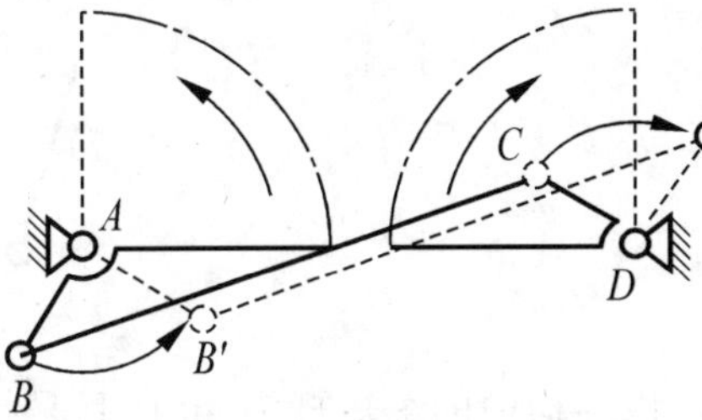

图 5-12

3. 双摇杆机构

在铰链四杆机构中，若铰链杆机构的两连架杆都是摇杆，则称为双摇杆机构.

图 5-13 是利用双摇杆机构的自卸汽车. AD 杆为车架，当油缸活塞向右伸长时，带动双摇杆 AB、CD 向右摆动，使车卸货.

图 5-14 为汽车前轮转向机构，应用了两个摇杆长度相等的双摇杆机构——等腰梯形机构.

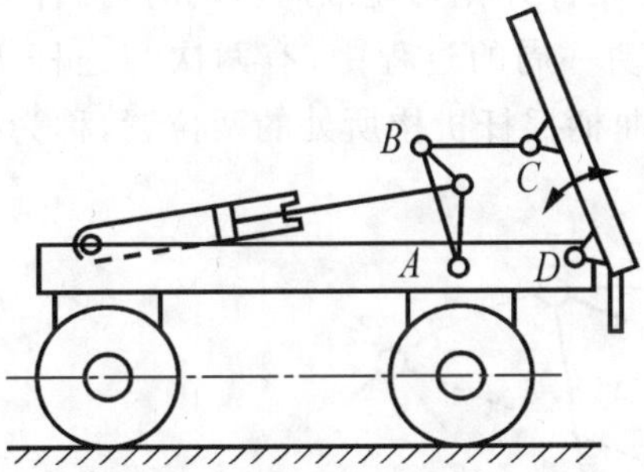

图 5-13 自卸翻斗汽车双摇杆机构

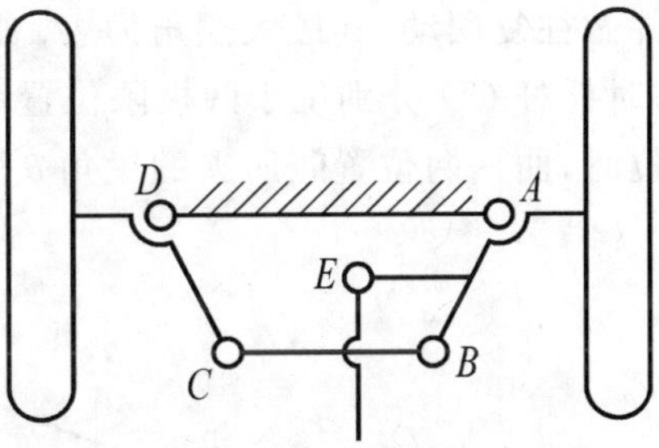

图 5-14 汽车前轮转向操纵机构

显然，当铰链四杆机构运动时，我们根据摇杆或曲柄情况可以识别它为何种机构，但是如果这些机构处于静止状态，我们怎么判断它们的种类呢？

（二）铰链四杆机构类型判断

铰链四杆机构的三种类型中，双摇杆机构中没有曲柄，曲柄摇杆机构中只有一个曲柄，双曲柄机构中有两个曲柄. 从铰链四杆机构的三种基本形式中我们可知，其根本区别在于机构中曲柄的数量不同. 通过证明我们可以知道铰链四杆机构中存在曲柄的两个条件为：(1)连架杆与机架中必有一根为最短杆；(2)最短杆与最长杆长度之和必小于或等于其余两杆长度之和.

在铰链四杆机构中，如果最短杆与最长杆的长度之和小于或等于其余两杆长度之和，那么，以最短杆为机架的，为双曲柄机构；以最短杆的邻杆为机架的，为曲柄摇杆机构；以最短杆的对杆为机架的，为双摇杆机构.

在铰链四杆机构中，如果最短杆与最长杆的长度之和大于其余两杆长度之和，无论以哪个杆为机架都不存在曲柄，所以为双摇杆机构.

【例】 已知铰链四杆机构的简图如图 5-15 所示，请判断该铰链四杆机构的类型？（单位：mm）

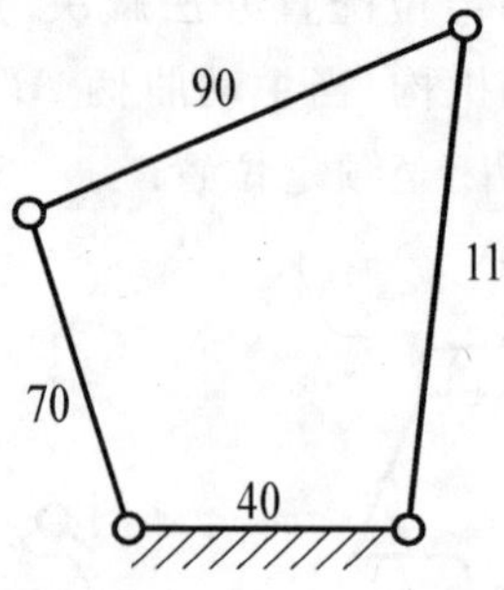

图 5-15

解：该结构中的最短杆为 40 而且是机架，

最短杆与最长杆之和为：40＋110＝150

中间两杆长度之和为：70＋90＝160

150＜160，即最短杆与最长杆之和小于其余两杆长度之和，根据判断依据，此机构为双曲柄机构.

（三）两个重要特性

1. 急回特性

图 5-16 所示的曲柄摇杆机构中，当曲柄 AB 为主动件并作匀速圆周转动时，摇杆 CD 为从动件做往复摆动，其最大摆角为 Ψ. 曲柄 AB 在转动一周的过程中，有两次与连杆 BC 共线，这时摇杆 CD 分别位于两极限位置 C_1D 和 C_2D. 曲柄摇杆机构所处的两位置，称为极位. 在极位时，曲柄两位置间所夹的锐角 θ 称为极位夹角.

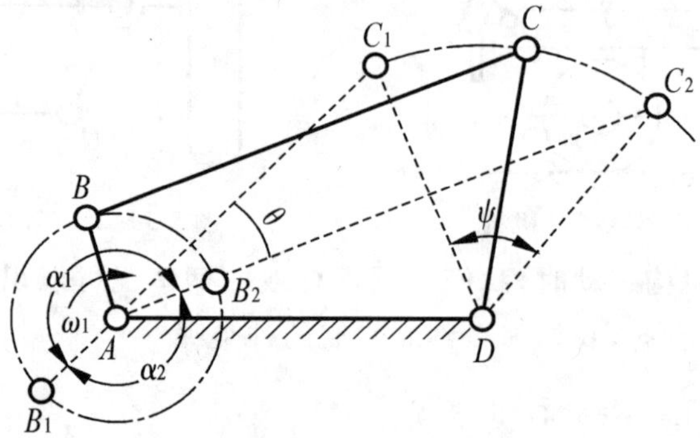

图 5-16　曲柄机构急回特征分析图

图 5-17 中，当曲柄以等角速度 ω_1 顺时针转过 α_1 的角度时，摇杆 CD 从 C_1D 摆至 C_2D，设所经过的时间为 t_1，而 C 点的平均速度为 v_1；当曲柄继续转过 α_2 角度时，摇杆从 C_2D 摆至 C_1D，其经过的时间为 t_2，C 点的平均速度为 v_2. 因此，由图 5-17 知道，$\alpha_1=180°+\theta$，$\alpha_2=180°-\theta$，所以 $\alpha_1>\alpha_2$，而曲柄的角速度 ω_1 为常数，所以 $t_1>t_2$、$v_2>v_1$，可见，当曲柄作等速回转时，摇杆来回摆动的角速度不同，在摆回时具有较大的平均角速度，这就是摇杆的急回作用或者说摇杆具有急回特性. 而 v_2 与 v_1 的比值，称为此四杆机构的急回特性系数或称为行程速比系数，以 K 表示.

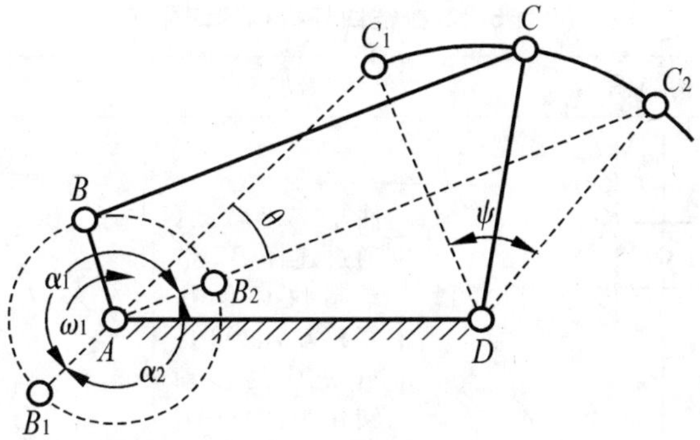

图 5-17 曲柄机构急回特征分析图

行程速比系数

$$K=\frac{v_2}{v_1}=\frac{t_1}{t_2}=\frac{\alpha_1}{\alpha_2}=\frac{180^\circ+\theta}{180^\circ-\theta}$$

K 值的大小表示机构的急回作用明显程度. K 值越大，急回作用越明显. K 值大小与极位夹角 θ 有关，二者有如下关系：

$$\theta=180^\circ\frac{K-1}{K+1}$$

当 $\theta=0$ 时，$K=1$，说明该机构无急回特性；

当 $\theta>0$ 时，说明该机构有急回特性.

2. 死点位置

如图 5-18，若以摇杆 CD 为主动件时，当摇杆 CD 在两极限位置 C_1D、C_2D，连杆 BC 与曲柄 AB 两次重合为一直线时，若不计铰链中摩擦和各杆的质量，摇杆作用在曲柄的力一定通过曲柄的回转中心 A 点，不会产生力矩，不能使曲柄转动，这时，机构出现“卡死”的现象. 机构处在连杆与从动件曲柄重合为一直线的极限位置，称为死点位置.

在曲柄滑块机构中，若以滑块为原动件，则当滑块处于两极限位置时，连杆给曲柄的作用力也不能使曲柄转动，此时机构也处于死点位置.

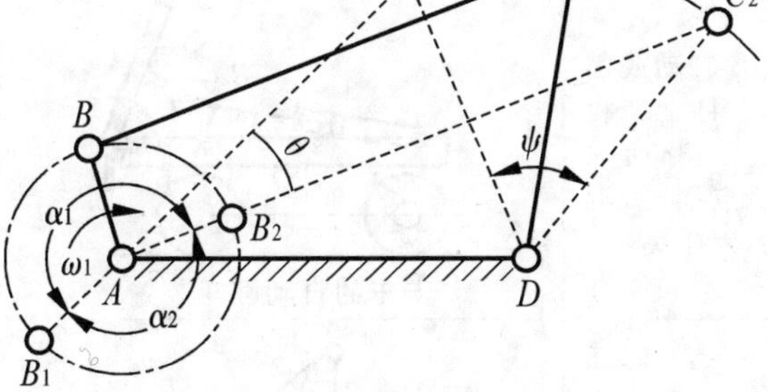

图 5-18 曲柄机构急回特征分析图

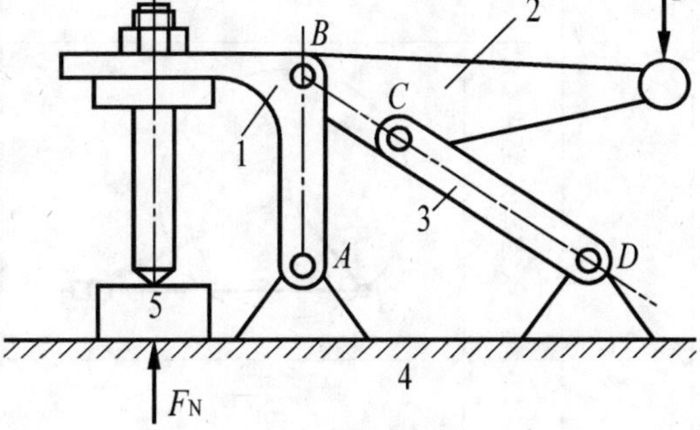

图 5-19 夹具

为了保证机构连续正常运转，设计时必须设法使机构顺利通过死点位置. 工程上常借助于装在曲柄上的飞轮惯性带动曲柄转过死点位置. 例如，内燃机中的曲柄连杆机构(活塞连杆机构)，其曲轴上安装有飞轮，就是利用飞轮的惯性使连杆和曲轴重合时能越过死点位置，使曲轴连续转动.

表 5-2　铰链四杆机构的演化

演化形式		结构简图	运动特点	应用示例
曲柄滑块机构		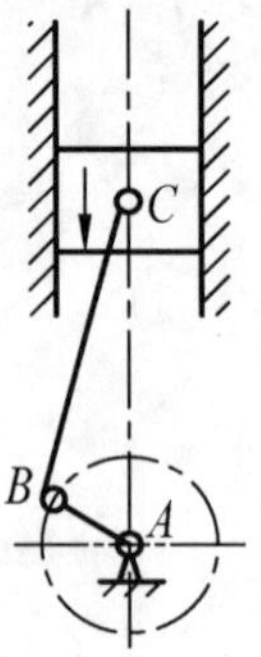	曲柄 AB 转动，通过连杆 BC 带动滑块 C 的往复移动，也可是滑块 C 的移动转化为曲柄 AB 的整周转动	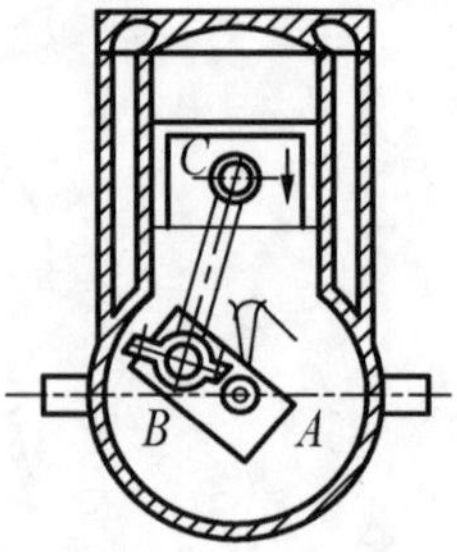 内燃机的曲柄滑块机构
导杆机构	传动导杆	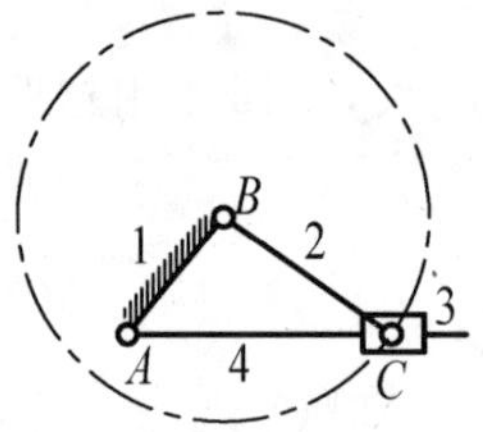	导杆 2、4 能绕机架作连续转动	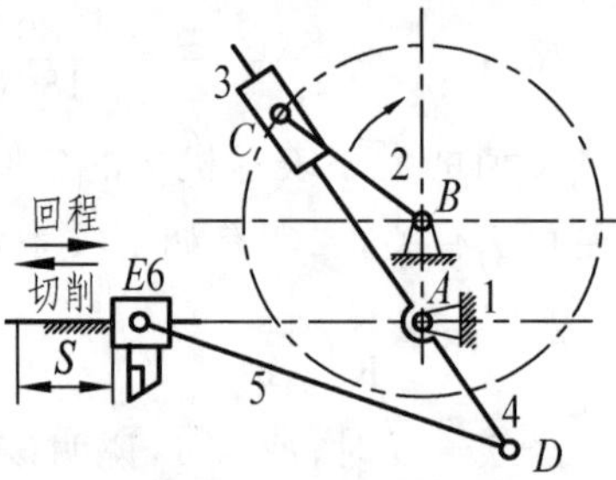 简易牛头刨床导杆机构
	摆动导杆	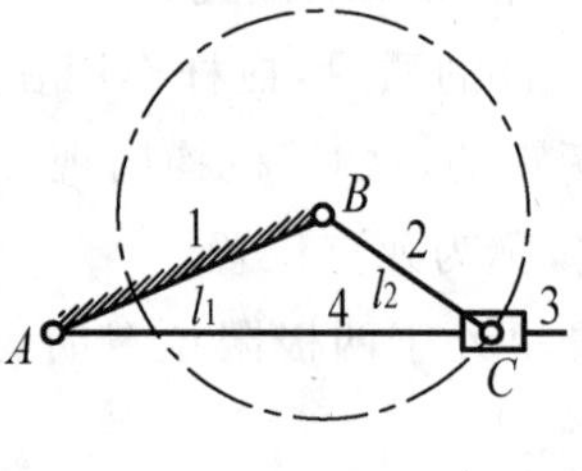	导杆 4 只能绕机架作摆动	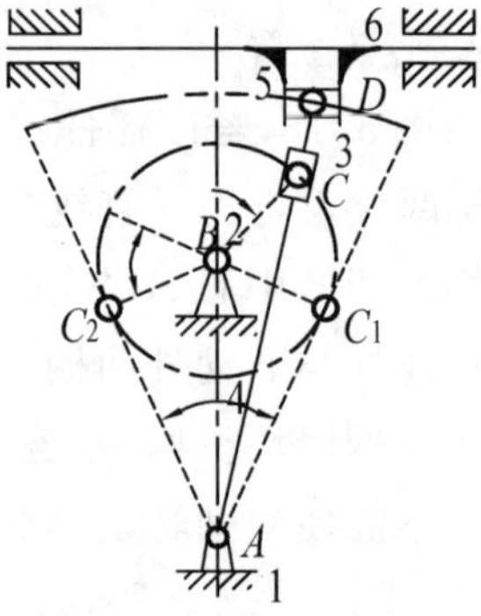 牛头刨床导杆机构
	摇块机构	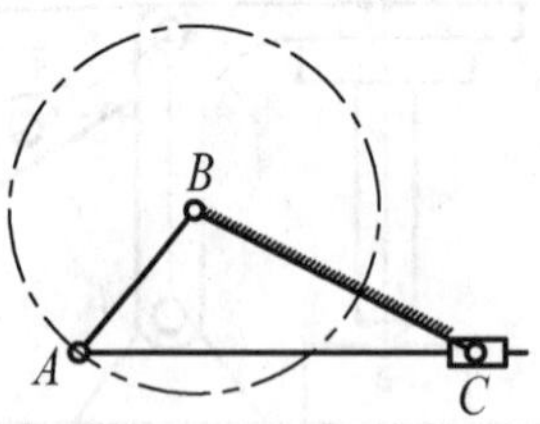	杆 AB 转动或摆动，导杆 AC 相对块 C 滑动并绕 C 点摆动，滑块 C 为摇块	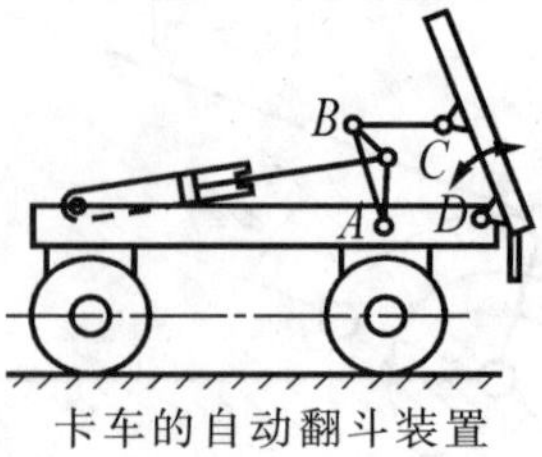 卡车的自动翻斗装置
	移动导杆	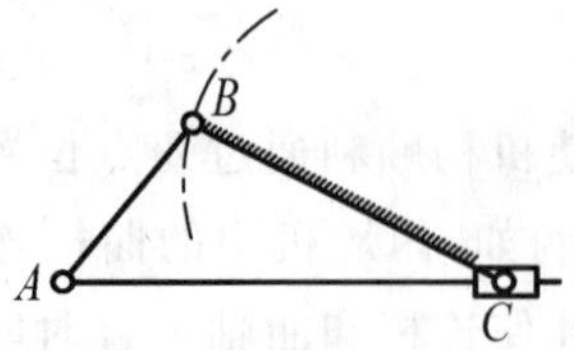	杆 AB 转动或摆动，杆 BC 绕 C 点摆动，杆 AC 相对滑块 C 作往复移动	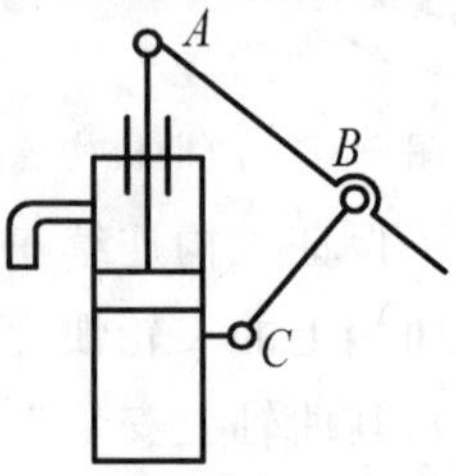 抽水机

工程上有时也利用机构死点位置的特性来实现某些要求. 如图 5-19 所示的夹具,用力 F 将手柄 2 按下,工件 5 被压紧. 在外力 F 去掉后,工件压紧力 F_N 经连架杆 1、连杆 2 向连架杆 3 传递作用力,此时,因连杆 2 与连架杆 3 共线,机构处于死点位置,所以工件 5 不会松动,仍处于稳定的被夹紧状态.

(四) 铰链四杆机构的演化

铰链四杆机构的演化历经了曲柄滑块机构、导杆机构两大历程,具体如表 5-2 所示.

课堂检测

一、填空

1. 构件是________的基本单元,运动副分为________和________. 低副分为________,________,________.

2. 图 5-20 为雷达天线俯仰角调整机构,请说出每个构件的名称,1 ________,2 ________,3 ________,4 ________.

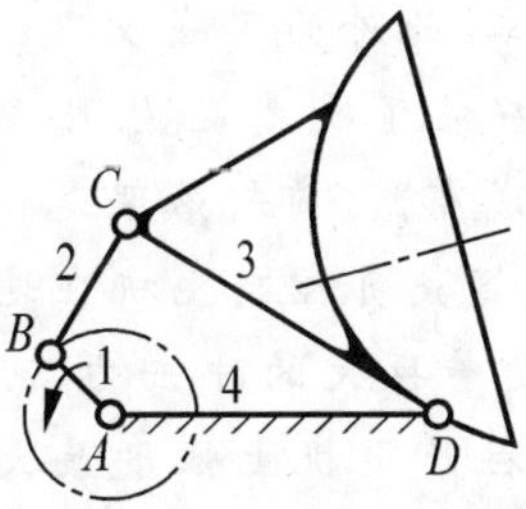

图 5-20

3. 四杆机构中存在曲柄的条件是________________,________________.

二、单选题

1. 曲柄摇杆机构(　　)存在急回特性.

A. 一定　　B. 不一定　　C. 一定不

2. 若将一曲柄摇杆机构转化为双曲柄机构,可将(　　).

A. 原机构曲柄为机架　　B. 原机构连杆为机架　　C. 原机构摇杆为机架

3. 在曲柄摇杆机构中改变(　　)的形状形成曲柄滑块机构.

A. 曲柄　　B. 连杆　　C. 摇杆　　D. 滑块

三、计算判断

如图 5-21 所示,四杆机构各杆长 $a = 350, b = 550, c = 200, d = 700$,若选取 d 为机架时,机构为何种机构?(单位:mm)

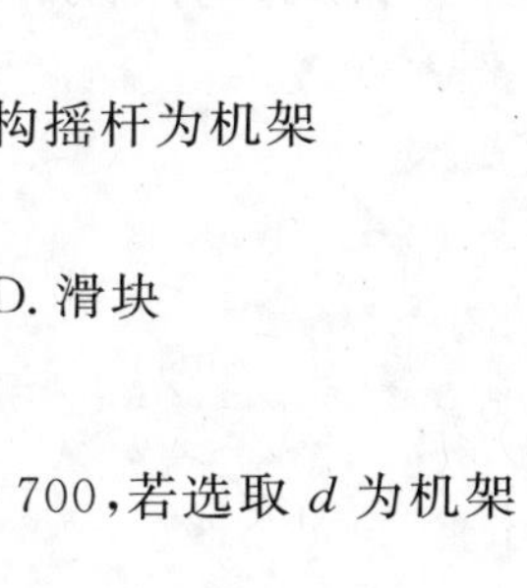

图 5-21

技能训练

请同学们利用身边的铁丝、螺栓、钳子自制一种铰链四杆机构.

科学小常识

飞机的腿——起落架

要想使飞机离开地面，必须把速度提到一定程度后，才能获得足够的升力. 飞机在离开地面前的这段加速过程中犹如汽车一样，它需要在地面上启动、加速、保持方向，因此飞机就必须安装轮子、传动机构和转向机构；飞机落地的冲击力，需要一种装置来承受缓冲，落地后的飞机还要刹车滑行减速. 完成飞机这一系列功能需要的装置就叫起落架，如图 5-22 所示. 起落架可分为两部分：主起落架和前起落架. 位于飞机重心附近承受飞机大部分重量的是主起落架，这是一个有轮子的车架，可以在地面上支撑起飞. 飞机越重，起落架上的轮子也越多. 轮子上装有像汽车上一样的刹车. 此外为了减少飞机着陆时冲击带来的震动，在主起落架上安装了减震装置. 小型飞机用弹簧减震，大型飞机装的是液压减震器. 前起落架是由飞机的前轮和转向机构组成的，供飞机驾驶员控制飞机在地面滑行中转弯. 飞机落地时，起落架承受着巨大的冲击力，可达到重力的 2～3 倍，因此起落架的支柱是飞机上强度最大的部位，通常用高强度的合金钢制造. 为了降低飞机升天后起落架带来的飞行阻力，起落架上安装了一个附属的收放装置，使其收入到机身或机翼的隔舱中. 同一架飞机，伸出起落架飞行时的最高速度如果为 170km/h，那么起落架收起后就可以达到 300km/h. 一架大型飞机落地时，如果起落架被提前 5 分钟放下，燃油就会多消耗掉 1 吨！

图 5-22

你知道吗，飞机的起落架就是双摇杆运动机构，如图 5-23 所示，请你分析一下它的运动情况.

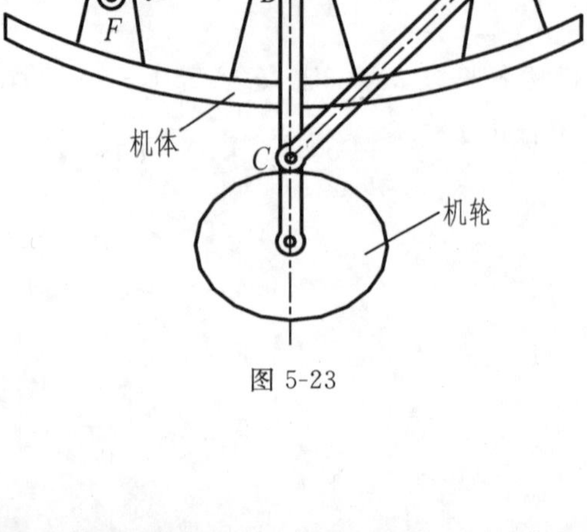

图 5-23

任务二 凸轮机构的应用及分类

任务目标

一、知识目标

1. 了解凸轮机构的特点、分类.

2. 掌握几种常用凸轮机构的结构及使用场合.

二、能力目标

能根据工作条件选择最合适的凸轮机构.

相关知识

一、凸轮机构的组成

凸轮机构由凸轮 1、从动件 2 和机架 3 组成. 凸轮是凸轮机构的主动件,与凸轮接触的构件为从动件,图 5-24 为内燃机配气凸轮机构. 当具有一定曲线轮廓的凸轮 1 以等角速度回转时,它的轮廓使从动杆 2 按内燃机工作循环的要求开启或关闭阀门.

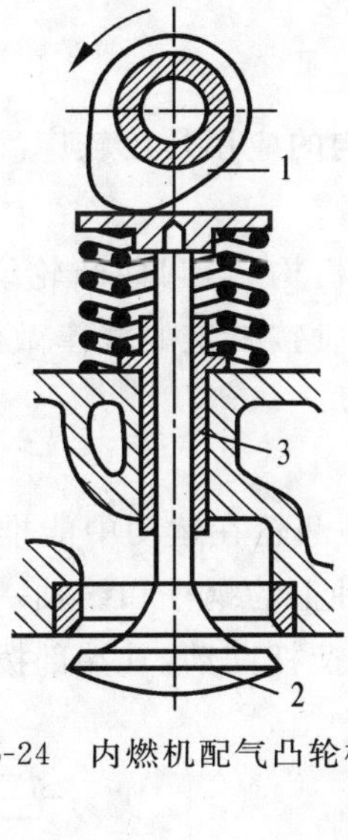

图 5-24 内燃机配气凸轮机构

二、凸轮机构的分类

凸轮机构的分类取决于凸轮和从动件的类型.

按凸轮的形状分类,如图 5-25 所示,分别为:1. 盘形凸轮:最基本的形式,结构简单,应用最为广泛;2. 移动凸轮:凸轮相对机架做直线运动;3. 圆柱凸轮:空间凸轮机构.

按从动件的形状分类,如图 5-26 所示,分别为:1. 尖顶从动件:尖端能与任意复杂的凸轮轮廓保持接触,从而使从动件实现任意的运动,但尖端处极易磨损,只适用于低速场合;2. 滚子从动件:凸轮与从动件之间为滚动摩擦,因此摩擦磨损较小,可用于传递较大的动力;3.

平底从动件：从动件与凸轮之间易形成油膜，润滑状况好，受力平稳，传动效率高，常用于高速场合，但与之相配合的凸轮轮廓须全部外凸.

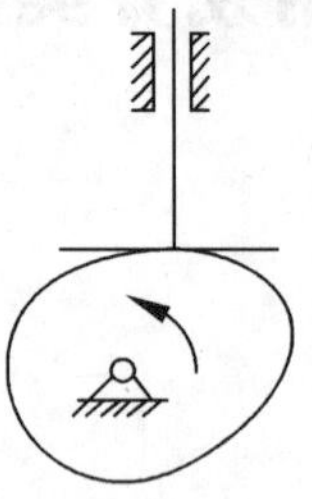
盘形凸轮

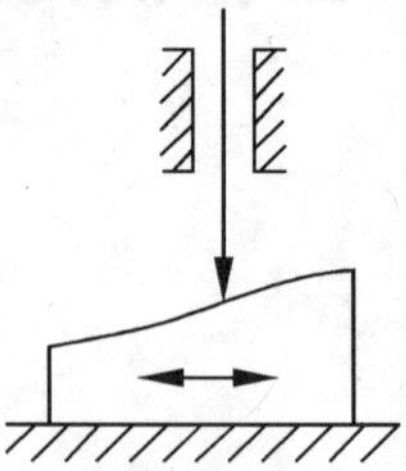
移动凸轮

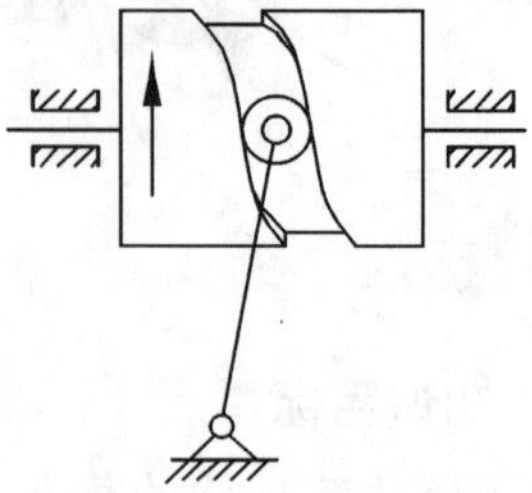
圆柱凸轮

图 5-25

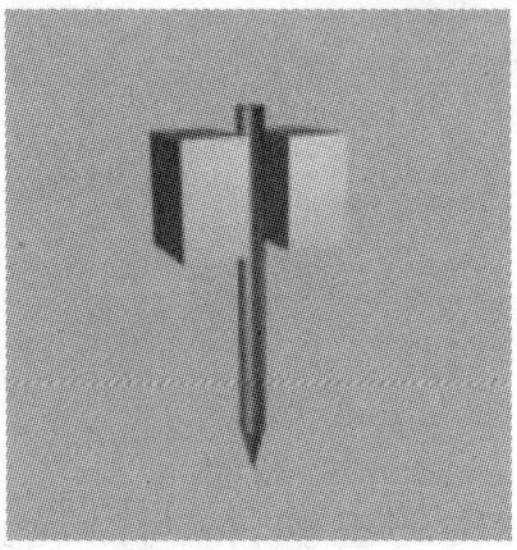
尖顶从动件

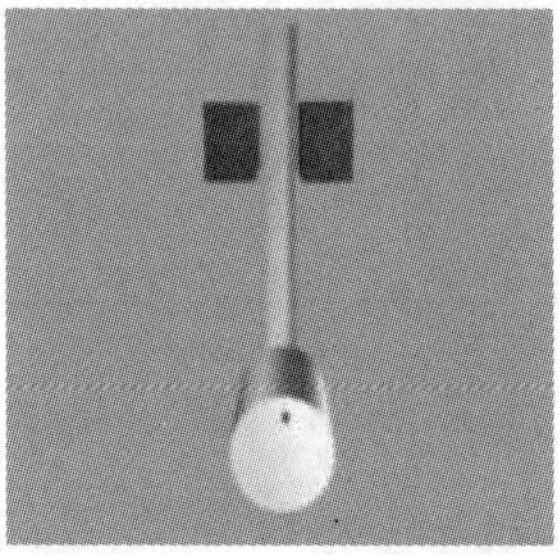
滚子从动件

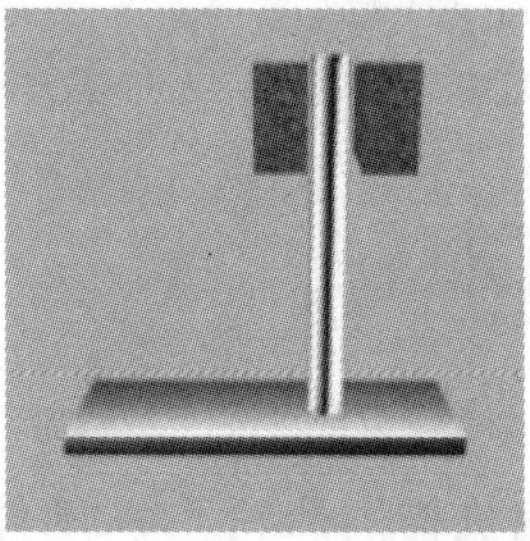
平底从动件

图 5-26

三、凸轮机构应用

在日常的生产、生活中，凸轮机构的应用是比较广泛的.

1. 自动机床进刀凸轮机构

图 5-27 是控制刀架运动的凸轮机构，当圆柱凸轮绕其轴线转动时，通过其沟槽与摆杆一端的滚子接触，并推动摆杆绕固定轴按特定的规律做往复摆动，同时通过摆杆另一端的扇形齿轮驱动刀架实现进刀或退刀运动.

2. 绕线机凸轮机构

图 5-28 是绕线机凸轮机构，这种凸轮在运动中能推动摆线从动件 2 实现均匀缠绕线绳的运动学要求. 摇动手柄使轴转动，轴上的蜗杆和线轴一起转动，通过蜗轮带动凸轮转动，靠凸轮与摆杆上顶尖之间的接触，推动摆杆摆动，其端部拨叉使导线均匀绕在线轴上.

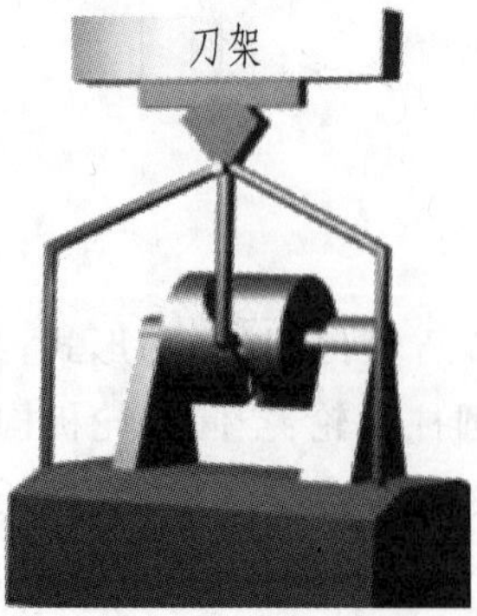

图 5-27　控制刀架运动的凸轮机构

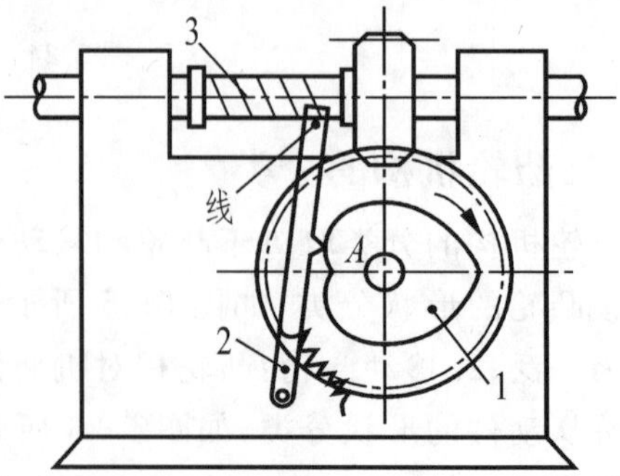

1—凸轮　2—摆线从动件　3—线轴

图 5-28　绕线机凸轮机构

课堂检测

一、填空

1. 凸轮机构主要是由__________、__________和固定机架三个基本构件所组成.

2. 按凸轮的外形,凸轮机构主要分为__________凸轮、__________凸轮__________凸轮和__________凸轮四种基本类型.

3. 从动件与凸轮轮廓的接触形式有__________、__________和平底三种.

二、判断

何为凸轮机构,如图 5-29 所示.

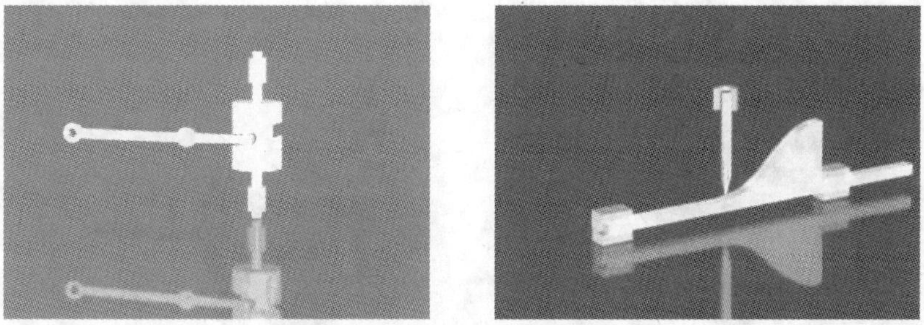

图 5-29

技能训练

1. 观察机床刀架运动.

2. 分析汽车内燃机配气机构运动原理.

科学小常识

古代人如何看时间

在古代,为了适应生活和生产的需要,根据昼夜的交替,逐步形成了各种计时的方法.

古代的计时制度主要分为不等时和等时两种.在中国古代,人们以日出日入作为作息的标准时间,这是天然的不等时法.到了西周,人们把一天分为十二个等长的时段,即十二支,这是等时法;另一种等时制是把一天均分为一百等分,即百刻制.在国外,古埃及人在公元前三千年就把昼夜各分为 12 时,但不同季节昼夜长短不等,所以每小时的实际长度也是不相等的,直到公元前 8 世纪,古巴比伦人把一天分为 24 时的等时制.

古代守时工具的发展大致经过流量计时、机械钟、摆钟三个阶段.最古老的守时工具是泄水型漏壶.中国汉代天文学家张衡发明的水运浑象(见漏水转浑天仪),是世界上最早的水力推动的机械钟.1582 年,伽利略发现了摆的等时性.1656~1657 年,荷兰的惠更斯把摆引入机械钟,从而创立了摆钟.

古代测时工具大致分为杆影测时和日晷测时.杆影测时是根据直立的标杆影长不断地随太阳在天上位置的不同而变化得来,它是中国古代用来校正漏壶计时的主要方法之一.中国通用的日晷测时方法是赤道式日晷,根据针影的方向来测量太阳所转过的角度,晷盘的刻度分成十二支或百刻.中国古代的许多城市建有钟楼和鼓楼,以击钟敲鼓向居民报告时间,这就是古代授时.在夜晚广泛流行的是打梆报时,用间断的梆声告诉人们更点.西方的教堂也有敲钟报时的制度.后来,也有用放午炮报时的.

项目六　机械传动

在日常生活中经常会看到用带传动和齿轮传动的场合，例如缝纫机、汽车变速器等．那么带传动是由哪几部分组成的？齿轮传动又是怎么来传递运动和力的？

缝纫机

BGW195A 系列轻型汽车变速器

图 6-1　机械传动的应用

任务一　带传动

知识目标

1．了解带传动的结构、原理．

2．掌握带传动的类型及特点．

3．掌握带与带轮的结构和标准．

4．掌握带传动的安装调整与维护要求．

能力目标

1．从 V 带的结构中，掌握带传动的主要优点．

2．熟悉常用带轮的材料、结构．

3．掌握带传动的调整与维护要求．

相关知识

一、带传动的工作原理、特点、类型和应用

(一) 带传动的组成和原理

1. 带传动的组成

带传动一般由与主动件固连的带轮 1(主动轮),与从动件固连的带轮 2(从动轮)和紧套在两轮上的挠性带 3 组成.(图 6-2)

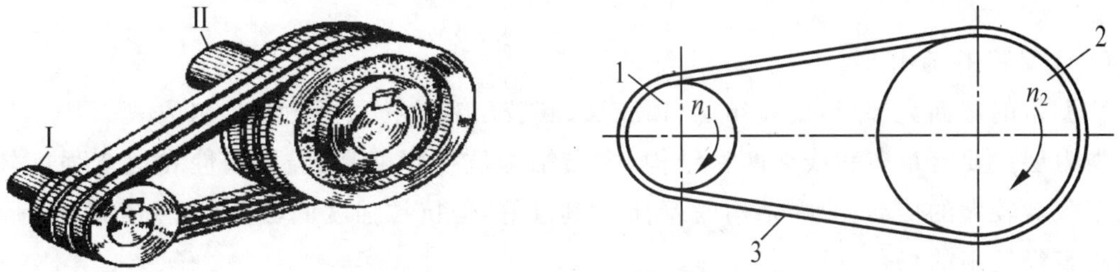

图 6-2　带传动的组成与工作原理

2. 带传动的工作原理

工作过程:原动机驱动主动带轮转动,利用带与带轮轮缘接触产生的摩擦力,使从动带轮一起转动,从而实现运动和力的传递,即利用中间挠性件的摩擦力实现传动.

(二) 带传动的类型及应用

带传动根据其传动原理分为摩擦型和啮合型两大类.摩擦型带传动包括平带传动、V 带传动、圆形带传动等,如图 6-3 所示,它主要是靠带和带轮接触面之间的摩擦力来传递力和运动.摩擦型带传动一般适用于功率不大且无需保证准确传动比的场合,在多级减速传动装置中,带传动通常置于与电动机相连的高速级.啮合型带传动即为同步带传动,如图 6-4 所示,是靠带齿与带轮齿的啮合传递运动和力的,此外,近年来对带传动的安全性和多样性提出了更高的要求,如金属带、难燃带、抗静电带等.啮合型带传动的平均传动比较准确,且传动比范围较大,速度较高,传递功率较大,传动效率较高,结构紧凑,多用于传动比要求准确的中、小功率的传动中,如数控机床、汽车发动机等的传动.

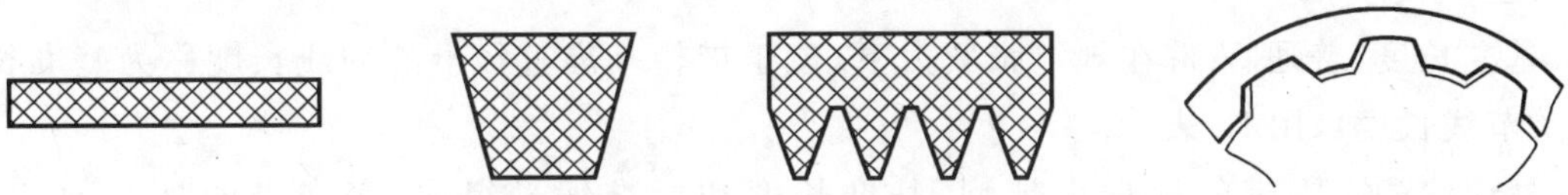

a　平带　　b　V 带　　c　多楔带　　d　同步带

图 6-3　带传动类型

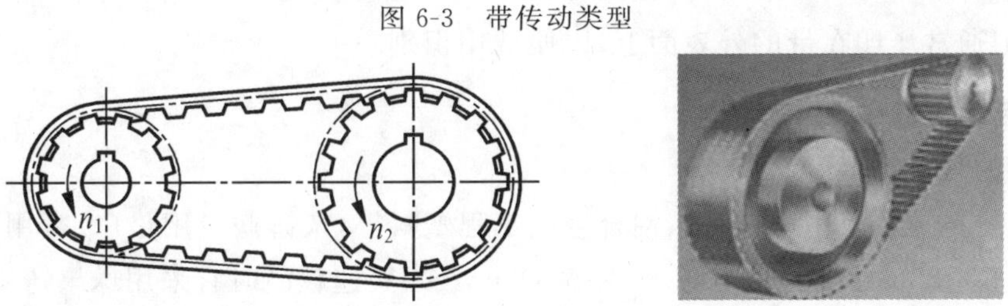

图 6-4　同步带传动

(三) 带传动的特点

优点:(1)带传动柔和,能缓冲,传动平稳,无噪声;(2)过载时产生打滑,可防止损坏零件,起安全保护作用;(3)结构简单,制造容易,成本低廉,适用于两轴中心距较大的场合.

缺点:(1)不能保证恒定的传动比,传动精度和传动效率低;(2)带对轴有很大的径向压力;(3)带传动装置结构不够紧凑;(4)带的寿命较短;(5)不适用于高温、易燃及有腐蚀介质的场合;(6)外廓尺寸较大,传动效率较低.

二、带与带轮

(一) V带的结构

V型带的截面为梯形,由包布层、顶胶层、底胶层和抗拉层(强力层)组成.

强力层主要有帘布和线绳两种结构.帘布结构抗拉强度高,但柔韧性和抗弯强度较差,适用于载荷较大的传动;线绳结构的V带柔韧性好,但抗拉强度低,适用于转速高、载荷不大和带轮直径较小的场合.(图6-5)

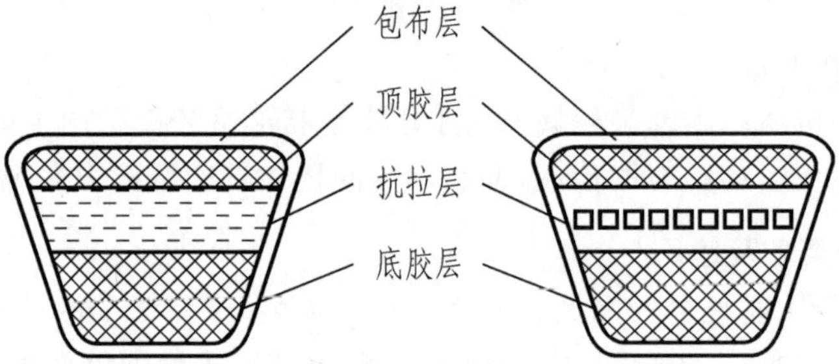

图6-5　V带的结构

(二) 带的型号

我国普通V带和窄V带已标准化.按截面尺寸由小到大,普通V带可分为Y、Z、A、B、C、D、E七种型号;窄V带可分为SPZ、SPA、SPB、SPC四种型号.在同样条件下,截面尺寸大,则传递的功率就大.

(三) 带的标记

基准长度:普通V带在规定张紧力下,位于带轮基准直径上的周线长度称为基准长度(也称节线长度),用 L_d 表示.

标记:普通V带的标记由带型、基准长度和标准编号组成,印在带的外表面上.如"B2000 GB11544—1997",含义为:B型普通V带,基准长度 $L_d=2000$mm,1997年国家标准.带的标记通常压印在带的外表面上,以便选用识别.

(四) 带轮的材料、结构

1.带轮的材料

带轮的材料主要采用铸铁、钢、铝合金或工程塑料等,灰铸铁应用最广.常用材料的牌号为HT150($v\leqslant 25$m/s)或HT200($v=25\sim30$m/s);转速较高时宜采用球墨铸铁、铸钢或锻钢,也用采用钢板冲压后焊接带轮;小功率时可采用铸铝或塑料等材料.

表 6-1 V 带的型号

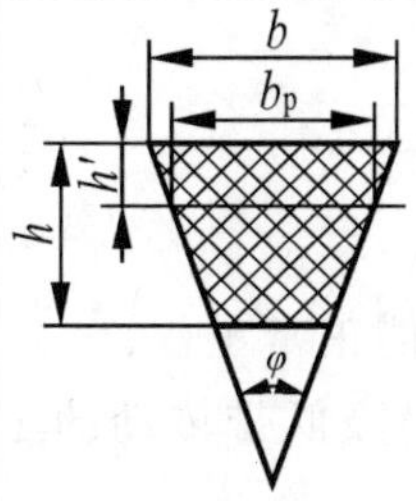 V 带截面积	截型		节宽 b_p/mm	顶宽 b/mm	高度 h/mm	截面面积 A/mm²	单位长度质量 ρ_l (kg·m^{-1})	楔角 ϕ/(°)
	普通 V 带	窄 V 带						
	Y	—	5.3	3	4	18	0.02	
	Z	SPZ	8.5	10	6 8	47 57	0.06 (0.07)	
	A	SPA	—	13	8 10	81 94	0.10 (0.12)	
	B	SPB	14.0	17	10.5 14	138 167	0.17 (0.20)	40
	C	SPC	19.0	22	13.5 18	230 278	0.30 (0.37)	
	D	—	27.0	32	19	476	0.62	
	E	—	34.0	38	23.5	692	0.90	

2. 带轮的结构

带轮由轮缘、腹板(轮辐)和轮毂三部分组成.轮缘是带轮的工作部分,制有梯形轮槽;轮毂是带轮与轴的连接部分;轮缘与轮毂则用轮辐(腹板)连接成一整体.(图 6-6)

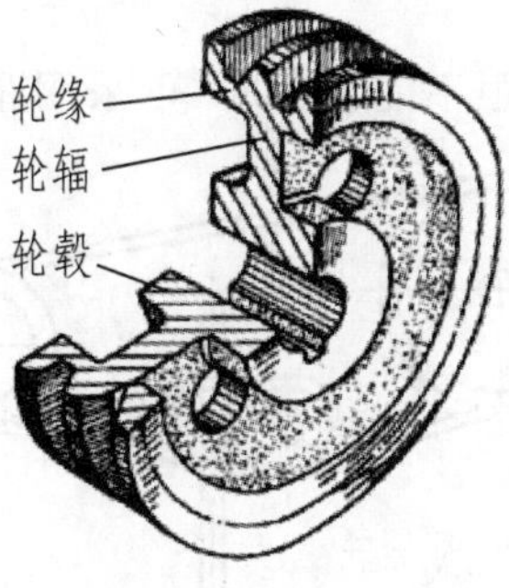

图 6-6

带轮的结构形式根据带轮直径决定,一般分为以下几种:(1)实心式(图 6-7a):$d<150$mm;(2)腹板或孔板式(图 6-7b):$d=150\sim450$mm;(3)轮辐式(图 6-7c):$d>450$mm.

a b c

图 6-7

三、V带传动的张紧、安装、维护

(一) V带传动的张紧

1. 张紧目的

(1)根据带的摩擦传动原理,带必须在预张紧后,达到合适的初拉力才能正常工作;

(2)传动带运转一定时间后,会产生永久变形使带松弛便初拉力减小而降低带传动的工作能力,所以必须重新张紧.

(二) 常用的张紧方式

调整中心距和采用张紧轮张紧是 V 带传动张紧常用的两种方式.

调整中心距方式:当两轮的中心距可以调整时,可采用增大两轮中心距的方法使传动带具有一定的张紧力. 图 6-8a 适用于两轴线水平或倾斜不大的传动;图 6-8b 适用于垂直或接近垂直的传动;图 6-8c 适用于中、小功率传动.

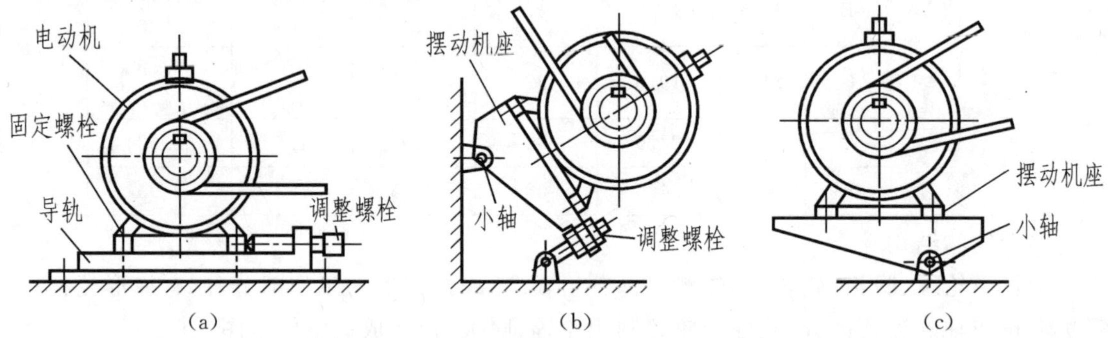

图 6-8

采用张紧轮张紧方式:当中心距不能调节时,可采用张紧轮张紧,如图 6-9 所示.

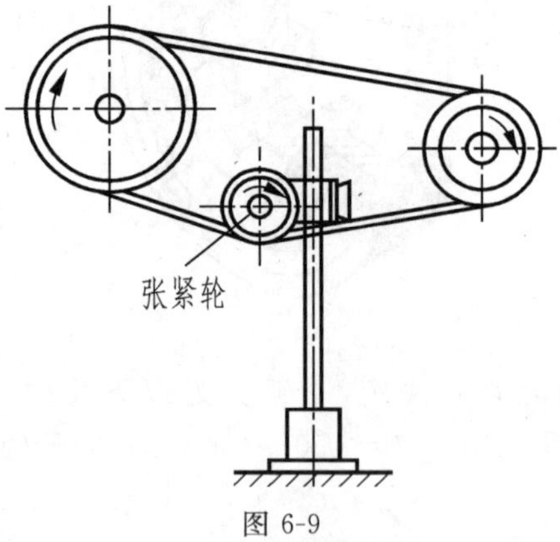

图 6-9

(二) 带传动的安装

1. 带轮的安装

安装带轮时,两带轮轴线应相互平行,其 V 型槽对称平面应重合,如图 6-10a 所示.

2. V 带的安装

(1)应按设计要求选择带型、基准长度和根数. 特别注意新旧带不能混用,否则会引起受力不均.

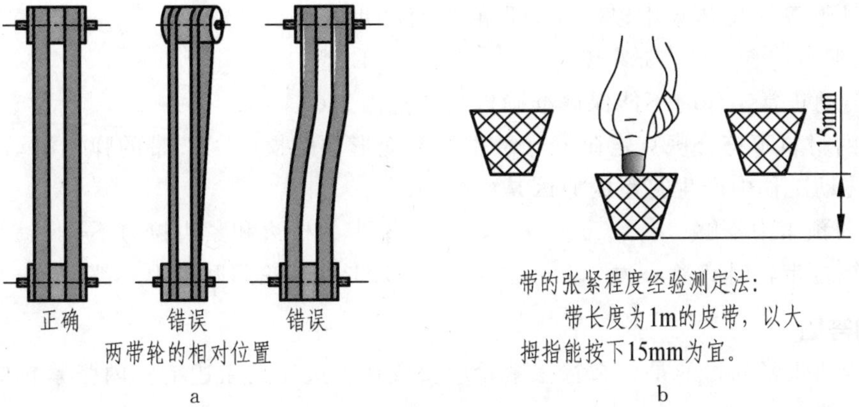

图 6-10 带传动的安装

(2)安装带轮时,两轮的轴线应平行,端面与中心垂直,且两带轮在轴上不能晃动,否则会使传动带侧面过早磨损.

(3)安装时,先将中心距缩小,待传动带套在带轮上再慢慢拉紧,以使带松紧适度,一般可凭经验来控制,如图 6-10b 所示,带张紧程度以大拇指能按下 10～15mm 为宜.

(三)带传动的维护

1.带传动装置外面要采用安全防护罩,以保障操作人员的安全;同时防止油、酸、碱对带的腐蚀.

2.禁止给带轮加润滑剂,应及时清除带轮槽及带上的油污.

3.定期检查带有无松弛和断裂现象,如有一根松弛或断裂则应全部更换新带.

4.带传动工作温度不应过高,一般不超过 60℃.

5.若带传动久置后再用,应将传动带放松.

课堂检测

一、填空题

1.带传动用于传递__________和__________,是机械传动中重要的传动形式.

2.带传动由__________、__________、__________及机架组成.

3.带传动根据其传动原理分为__________和__________两大类.摩擦型带传动包括__________、__________、__________等,它主要是靠__________和__________接触面之间的摩擦力来传递力和运动;而啮合型带传动即为__________,它是靠__________与__________的啮合传递运动和力的.

4.在所有的带传动中,__________应用最广.

5.V 带已标准化,国家标准规定的普通 V 带按截面尺寸由小到大有__________七种型号,窄 V 带有__________四种型号.

二、选择题

1.平带、V 带传动主要依靠(　　)传递运动和力.

A.带的紧边拉力　　B.带和带轮接触面间的摩擦力　　C.带的预紧力

2. 下列普通 V 带传动中以(　　)带的截面尺寸最小.

A. Y 型　　B. A 型　　C. E 型

3. 带传动正常工作时不能保证准确传动比是因为(　　).

A. 带的材料不符合虎克定律　　B. 带容易变形和磨损　　C. 带的弹性滑动

4. 带传动工作中产生打滑的原因是(　　).

A. 带的预紧力不够　　B. 带的松边和紧边拉力不等

C. 带绕过带轮时有离心力　　D. 带和带轮间摩擦力不够

三、问答题

1. 带传动张紧的目的是什么？张紧轮应安放在松边还是紧边上？内张紧轮应靠近大带轮还是小带轮？

2. 试分析摩擦带传动的工作原理.

技能训练

1. 对照汽车带传动实物，查看改变皮带的张紧程度对发电机、冷却风扇和水泵的工作情况有什么影响，并解释产生变化的原因.

2. 学习识别各种 V 带的型号和标记方式.

科学小常识

三角带

三角带又称 V 型带，是传动带中产量最大、品种最多、用途最广的一种产品. 1917 年三角带首次由美国制成汽车风扇带，20 世纪 20 年代初开始推广用于工农机械，现已成为传动带的主流. 在世界各国传动带中，从橡胶用量来看，三角带现已占到 65%上，成为世界各种机械装置动力传动和变速的主要器材，在当今农机、机床、汽车、船舶、办公设备等众多领域发挥着日益重要的作用.

按照断面尺寸，三角带可分为工业机械用的 Y、Z、A、B、C、D、E 七种工业型号和汽车、拖拉机等用的各类风扇带，共计两大类别. Y、Z 型为最小的 V 型带，主要用于打字机、切书机、家电制品(洗衣机、榨汁器、吸尘器)等. 一般工业机械，随着马力的增大，顺序使用 A、B、C、D、E 等型号，其中 D、E 型为重型带，用于船舶、电力等大型机械. 至于风扇带，除了汽车、拖拉机之外，还大量用于水泵、空调等.

三角带一般都是指包布式 V 型带，从 20 世纪 60 年代开始，为提高传动带的耐久性，又出现了切边式 V 型带. 这种切边 V 型带，由于胶带结构侧面没有包布，带体十分柔软，耐屈挠疲劳性能非常好，因而得到迅速发展. 进入 20 世纪 80 年代，为解决三角带多根成组传动时因不一样长而带来的传动效率和使用寿命下降等问题，又兴起了多根三角带用平板带固定在一起的三角带，习惯称之为联组三角带的 V 型平板带. V 型平板带因其优势，出现了取代包布式和切边式三角带的趋势. 这种三角带与平板带结合的带，虽然对带轮沟槽有特殊的要求，然而由于带体很薄，与带轮的接触面积大、弯曲性好、带轮缩小，可使传动装置进一步小型化、节能化，在世界发达国家的生产量急剧增长.

任务二　齿轮传动

知识目标

1. 了解齿轮传动的特点及分类.
2. 熟悉齿轮传动的用途.
3. 掌握渐开线标准直齿圆柱齿轮的基本参数及几何尺寸计算.
4. 掌握渐开线直齿圆柱齿轮的正确啮合条件.
5. 了解齿轮的材料、结构.
6. 掌握齿轮的传动失效形式.

能力目标

1. 熟悉齿轮传动的用途.
2. 会计算标准直齿圆柱齿轮的基本尺寸.
3. 熟悉齿轮传动的失效形式.

相关知识

一、齿轮传动的分类、特点及应用

齿轮传动是通过主动齿轮的轮齿和从动齿轮的轮齿直接啮合来传递运动和力,不仅能够输送机械能,而且能改变转速和转向,可用于传递空间任意两轴之间的运动和力,是现代机械中应用最广泛的一种传动机构.

(一) 齿轮传动的分类

根据两齿轮的轴线位置,齿轮传动分为平行轴齿轮传动、相交轴齿轮传动、交错轴齿轮传动三类.

1. 平行轴齿轮传动

平行轴齿轮传动中,组成传动的两齿轮的轴线互相平行.其分类如下:

(1)根据传动中啮合位置的不同,可分为外啮合齿轮传动、内啮合齿轮传动、齿轮齿条啮合传动.外啮合齿轮传动:组成传动的两齿轮的轮齿分别位于齿轮的外缘与外侧,如图 6-11 所示.内啮合齿轮传动:组成传动的两齿轮的轮齿分别位于齿轮的外缘与内侧,如图 6-12 所示.齿轮齿条传动:当齿轮的齿数趋于无穷多,齿轮的回转中心趋于无穷远时,齿轮即变为齿条,如图 6-13 所示.

图 6-11

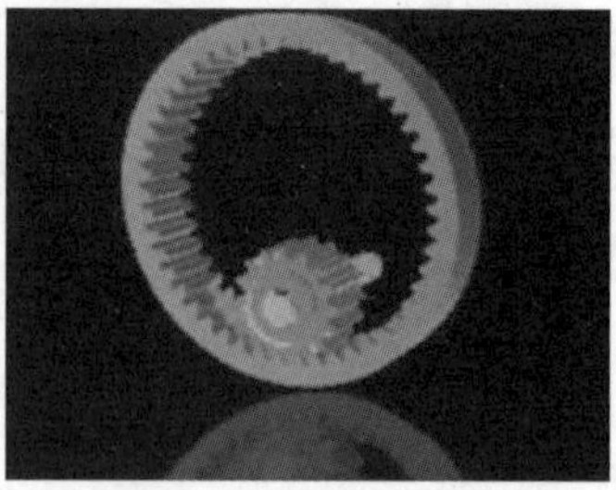

图 6-12

(2)根据各齿轮的齿向与轴线的位置关系的不同,可分为直齿传动、斜齿传动、人字齿轮传动等.

直齿圆柱齿轮传动:其轮齿齿向与轴线平行,如图 6-11 所示.

斜齿圆柱齿轮传动:组成传动的两齿轮齿线为螺旋线,如图 6-13 所示.

人字齿圆柱齿轮传动:组成传动的两齿轮齿线为人字形,如图 6-14 所示.

图 6-13

图 6-14

2. 相交轴齿轮传动

组成传动的两齿轮的轴线相交于一点,常见的有锥齿轮传动,如图 6-15 所示. 锥齿轮是指分度曲面为圆锥面的齿轮.

3. 交错轴齿轮传动

组成传动的两齿轮的轴线既不平行也不相交,常见的有蜗轮蜗杆传动,如图 6-16 所示.

图 6-15

图 6-16

(二) 齿轮传动的主要特点

齿轮传动用来传递任意两轴间的运动和力,其圆周速度可达到 300m/s,传递功率可达 105kW. 小的齿轮直径不到 1mm,大的可到 150m 以上,是现代机械中应用最广的一种机械传动.

1. 齿轮传动与带传动相比主要有以下优点：

(1)直接接触的啮合传动，可传递空间任意两轴之间的运动和力；

(2)功率范围大，速比范围大，效率高，精度高；

(3)传动比稳定，使用寿命长，工作可靠，结构紧凑；

(4)改变运动方向，齿轮传动机构的应用广.

2. 齿轮传动与带传动相比主要的缺点：

(1)工作中有振动、冲击和噪声，并有动载荷产生；

(2)无过载保护性能；

(3)制造与安装精度高，成本高；须用专门设备制造等.

(三) 齿轮传动的用途

直齿圆柱齿轮传动广泛应用于各种机械中；斜齿圆柱齿轮传动因承载能力大，传动平稳，故适用于高速大功率、两轴线平行的传动；圆锥齿轮传动因承载能力大，传动平稳，且两轴线可以任意相交，故适用于高速大功率，两轴线任意相交的传动；蜗杆传动适用于传动比大、传递功率不大且不作长期连续运转的场合.

二、渐开线直齿圆柱齿轮各部分名称、基本参数

(一) 渐开线齿轮各部分名称、基本参数

1. 渐开线的形成

一条直线 BK 在圆 O 上作纯滚动时，直线上任一点 K 的轨迹即为渐开线，BK 就是发生线，而圆 O 就是基圆. 两条对称的渐开线就形成渐开线齿廓，如图 6-17 所示.

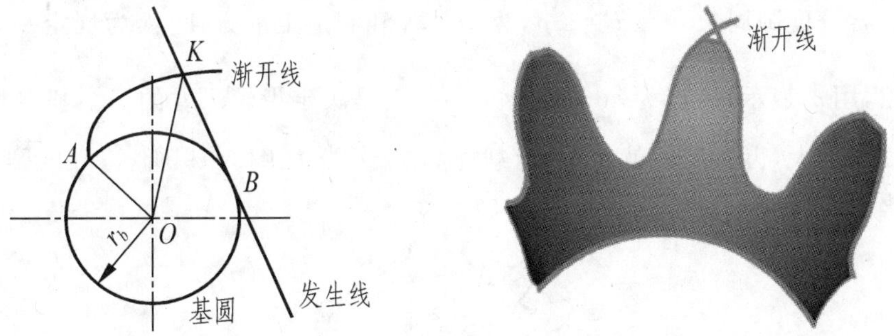

图 6-17

(二) 渐开线直齿圆柱齿轮各部分名称，如图 6-18 所示

1. 齿顶圆(d_a)：连接各轮齿齿顶的圆为齿顶圆，其直径用 d_a 表示.

2. 齿根圆(d_f)：连接各轮齿齿根，其直径用 d_f 表示.

3. 分度圆(d)：在齿顶圆和齿根圆之间取一个圆，作为计算、制造和测量齿轮尺寸的基准，该圆为分度圆，直径用 d 表示.

4. 齿距、齿厚和齿槽宽

一个齿的两侧端面齿廓之间分度圆弧长度，称为分度圆上的齿厚，用 s 表示；一个齿槽的两侧端面齿廓之间分度圆圆弧长度，称为分度圆上的齿槽宽，用 e 表示；相邻两齿同侧的端面齿廓之间分度圆圆弧长度，称为分度圆上的齿距，用 p 表示.

$$p = s + e$$

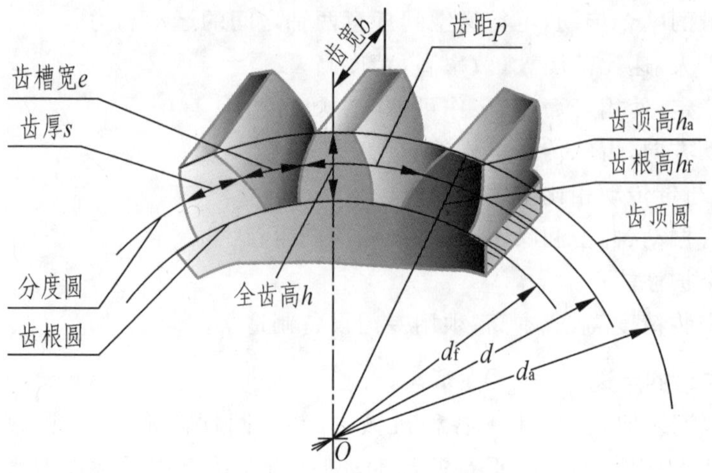

图 6-18　直齿圆柱齿轮各部分名称

5. 齿顶高、齿根高、齿高

齿顶圆与分度圆之间的径向距离，称为齿顶高，用 h_a 表示；齿根圆与分度圆之间的径向距离，称为齿根高，用 h_f 表示；齿顶圆与齿根圆之间的径向距离，称为齿高，用 h 表示.

$$h = h_a + h_f$$

（三）渐开线齿轮的基本参数

1. 齿数 z：在齿轮整个圆周上，均匀分布的轮齿总数，称为齿数.

2. 压力角 α：在标准齿轮齿廓上，齿轮运动方向与受力方向所夹的锐角称为分度圆压力角，简称压力角，用 α 表示. 压力角已经标准化，我国规定，标准压力角 $\alpha = 20°$.

3. 模数 m：分度圆周长 $= \pi d = zp$，为了计算和制造上的方便，人为规定 $\frac{p}{\pi}$ 的值为标准值，称为模数，用 m 表示，单位为mm，即 $m = \frac{p}{\pi}$. 它是决定齿轮尺寸的一个基本参数. 齿数相等的齿轮，模数越大，齿轮尺寸就越大，承载能力就越强，如图 6-19 所示；分度圆直径相等的齿轮，模数越大，承载能力越强.

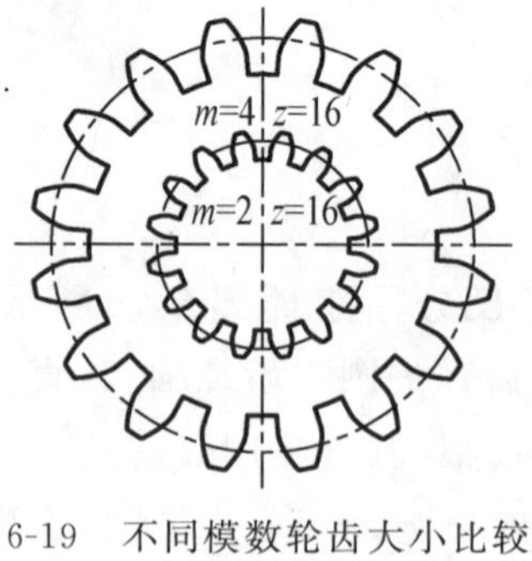

图 6-19　不同模数轮齿大小比较图

为了便于制造、检验和互换使用，GB1357-87 规定了标准模数系列，见表 6-2.

表 6-2　标准模数系列表(GB1357-87)

第一系列	0.1 0.12 0.15 0.2 0.25 0.5 0.4 0.5 0.6 0.8 1 1.25 1.5 2 2.5 3 4 5 6 8 10 12 16 20 25 32 40 50
第二系列	0.35 0.7 0.9 1.75 2.25 2.75 (3.25) 3.5 (3.75) 4.5 5.5 (6.5) 7 9 (11) 14 18 22 28 (30) 36 45

表 6-3 标准直齿圆柱齿轮的几何尺寸计算公式

名称	代号	计算公式
齿顶高	h_a	$h_a = h_a^* m = m$
齿根高	h_f	$h_f = (h_a^* + c^*)m = 1.25m$
全齿高	h	$h = h_a + h_f = (2h_a^* + c^*)m = 2.25m$
分度圆直径	d	$d = mz$
基圆直径	d_b	$d_b = d\cos\alpha$
齿顶圆直径	d_a	$d_a = d + 2h_a = m(z + 2h_a^*)$
齿根圆直径	d_f	$d_f = d - 2h_f = m(z - 2h_a^* - 2c^*)$
齿距	p	$p = \pi m$
齿厚	s	$s = \frac{p}{2} = \frac{\pi m}{2}$
齿槽宽	e	$e = \frac{p}{2} = \frac{\pi m}{2}$
标准中心距	a	$a = \frac{1}{2}(d_1 + d_2) = \frac{m}{2}(z_1 + z_2)$

齿顶高系数 h_a^*：$h_a^* = h_a/m$.（$h_a^* = 1$）

顶隙系数 c^*：$c^* = c/m$.（$c^* = 0.25$）

二、标准直齿圆柱齿轮的基本尺寸、计算

标准齿轮：以齿顶高和齿根高为标准值，且分度圆上的齿厚等于齿槽宽的渐开线直齿圆柱齿轮，称为渐开线标准直齿圆柱齿轮.

常用外啮合标准直齿圆柱齿轮的几何尺寸计算公式见表 6-3.

三、齿轮材料、结构、传动失效形式

(一) 常用的齿轮材料

常用的齿轮材料有锻钢、铸钢、铸铁和非金属材料等.

锻钢：钢材的韧性好，耐冲击，还可以通过热处理或化学热处理改善其力学性能，提高齿面硬度，用于一般齿轮. 可分为：硬齿面（硬度＞350HBS）；软齿面（硬度≤350HBS）.

铸钢：耐磨性及强度均较好，铸钢常用于尺寸较大的齿轮.

铸铁：灰铸铁性质较脆，抗冲击及耐磨性都较差，但抗胶合及抗点蚀的能力较好. 灰铸铁齿轮常用于工作平稳、速度较低、功率不大的场合.

非金属材料：对高速轻载及精度不高的齿轮传动，为了降低噪声，常用非金属材料做小齿轮，大齿轮仍用钢或铸铁制造.

(二) 常用的齿轮结构

齿轮的结构类型主要由毛坯材料、几何尺寸、加工工艺、生产批量和经济因素确定. 齿轮结构通常有齿轮轴、实体式齿轮、腹板式齿轮及轮辐式齿轮等主要形式. 主要选择原则如下：

齿轮轴是将齿轮和轴制成一体，故称齿轮轴，如图 6-20 所示.

实体式齿轮的直径不大于 200mm，齿轮和轴分别制造，制成锻造实体式齿轮，如图 6-21 所示.

图 6-20　齿轮轴

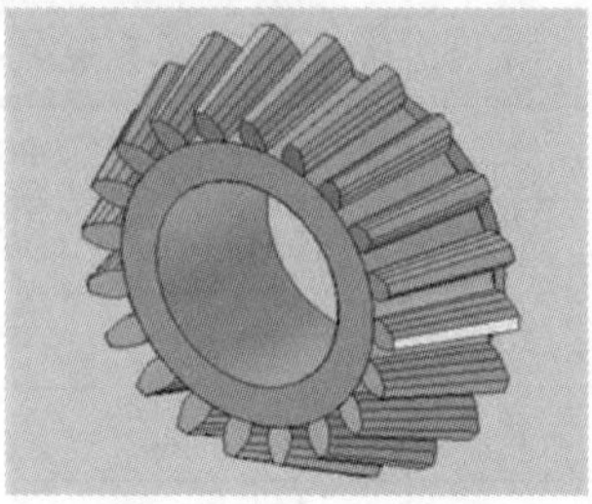
图 6-21　实体式齿轮

当齿轮的直径不大于 500mm 时，可制成锻造腹板式齿轮. 如图 6-22 所示.

当齿轮的直径大于 500mm 时，可采用铸造轮辐式齿轮. 如图 6-23 所示.

图 6-22

图 6-23

(三）齿轮的失效形式

齿轮失效是齿轮在传动过程中，由于载荷的作用使轮齿、齿面损坏，导致齿轮过早地失去正常工作能力的情况. 齿轮的失效形式与传动工作情况相关. 按工作情况不同，齿轮传动可分为开式传动和闭式传动两种. 开式传动是指传动裸露或只有简单的遮盖，工作时环境中粉尘、杂物易侵入啮合齿间，润滑条件较差，如图 6-24a 所示. 闭式传动是指被封闭在箱体内，且润滑良好(常用浸油润滑)的齿轮传动，如图 6-24b 所示. 开式传动以磨损及磨损后的折齿失效为主，闭式传动则以疲劳点蚀或胶合为主.

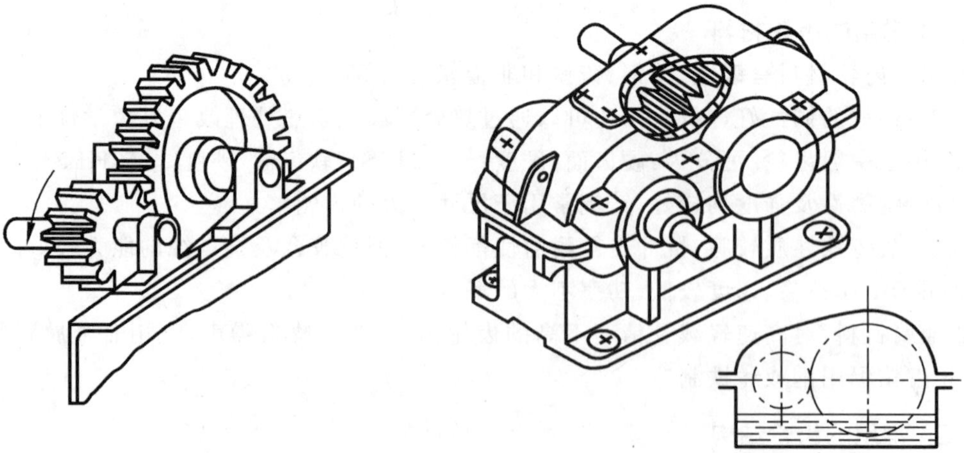
a　开式传动　　b　闭式传动

图 6-24

齿轮传动的失效主要是轮齿的失效，如图 6-25 所示，其失效形式有：

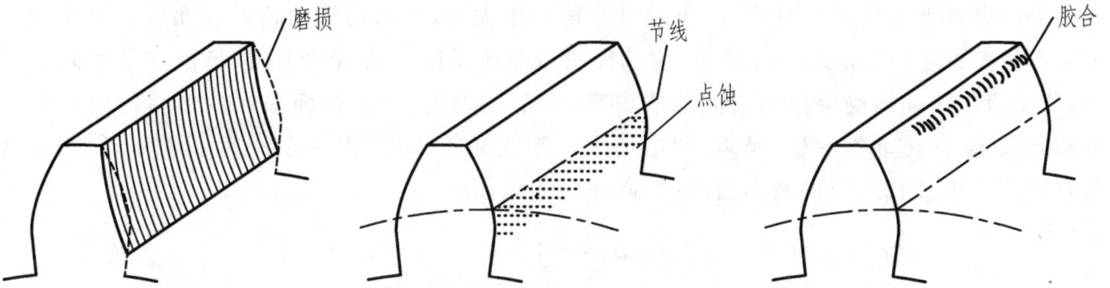

a 齿面磨损　　b 齿面点蚀　　c 齿面胶合

图 6-25 齿轮传动的失效形式

1. 轮齿折断

轮齿折断发生在根部，有过载折断和弯曲疲劳折断两种.

(1)疲劳折断：轮齿像一根悬臂梁，受载后齿根部分产生的弯曲应力最大. 当该应力值超过材料的弯曲疲劳极限时，齿根处产生疲劳裂纹，又因为齿根过渡部分存在着应力集中，使裂纹不断扩展导致整个轮齿断裂.

(2)过载折断：由于突然过载、强烈冲击、严重磨损及安装制造误差等也会造成轮齿折断.

轮齿折断后无法工作. 因此，一定要保证弯曲疲劳强度，加大齿根圆角，禁止超载使用.

2. 齿面磨损

齿面磨损发生在整个齿面. 轮齿在啮合过程中存在相对滑动，致使齿面间产生摩擦磨损；当金属微粒、砂粒、灰尘等硬质磨粒进入轮齿间时引起磨粒磨损. 齿面磨损使渐开线齿廓破坏，齿厚减薄，致使侧隙增大而引起冲击和振动. 严重时会因齿厚减薄使强度降低而导致轮齿折断. 磨损后的齿面，其表面失去准确的齿形，使传动不平稳，噪声、冲击增大以至无法工作，主要发生在开式传动中和润滑油不洁的闭式传动中. 因此，应采用闭式传动，保持良好清洁的润滑，提高齿面硬度.

3. 齿面点蚀

齿面点蚀发生在齿面节线附近靠近齿根圆的部位. 轮齿工作时，齿面接触处产生很大的接触应力，脱离啮合后接触应力消失. 对齿面某一固定点来说，它受到的接触应力是周期变化的脉动循环应力. 当这种接触应力超过了轮齿材料的接触疲劳极限时，齿面产生裂纹，裂纹扩展致使表层金属微粒脱落，形成一些浅坑(小麻点)，即形成齿面点蚀. 点蚀是闭式传动常见的失效形式. 由于轮齿在节线附近啮合时，同时啮合的齿对数少，且齿面间相对滑动速度小，润滑油膜不易形成，所以点蚀首先出现在靠近节线的齿根上. 点蚀后的齿面失去准确的齿形，使传动不平稳，噪声、冲击增大以至无法工作. 因此，应限制接触应力，提高齿面硬度.

4. 齿面胶合

齿面胶合是由于局部升温，油膜脱落而造成的，常发生在较软金属表面. 胶合的齿面失去准确的齿形，使传动不平稳，噪声、冲击增大以至无法工作. 齿面胶合出现在高速重载或润滑不良的低速重载传动中. 因此，应采用黏度较大或有抗胶合添加剂的润滑油，提高齿面硬度、改善齿面粗糙度，配对齿轮采用不同的材料等.

5. 齿面塑性变形

齿面塑性变形发生在软齿面. 重载且摩擦力很大时,齿面较软的轮齿表面就会沿摩擦力方向产生塑性变形,如图 6-26 所示. 主动齿轮齿面所受摩擦力背离节线,齿面在节线附近下凹;从动齿轮齿面所受摩擦力指向节线,齿面在节线附近上凸. 齿面塑性变形后的齿面失去准确的齿形,使传动不平稳,噪声、冲击增大以至无法工作. 常出现在低速重载和启动、过载频繁的传动中. 因此,应提高齿面硬度,遵守操作规程.

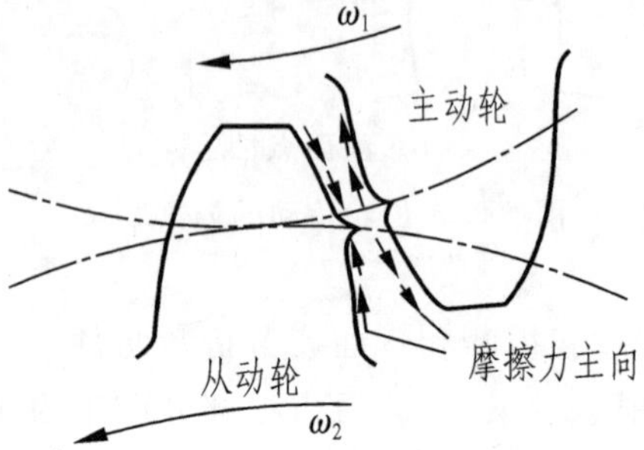

图 6-26 齿面塑性变形

课堂检测

一、填空

1. 标准直齿的压力角 α =__________,按齿轮的啮合方式的不同,直齿圆柱齿轮传动可以分为__________传动、__________传动和__________传动.

2. 标准圆柱齿轮,其模数 m =2mm,齿数 Z =26,则分度圆直径 d =__________.

3. 标准齿轮正确安装时,节圆与__________重合.

4. 常见的齿轮结构形式有__________、__________、__________和__________.

5. 闭式齿轮的主要失效形式是____.

二、选择

1. 下列传动中,可以用于两轴相交的场合的是(　　).

A. 链传动　　B. 直齿圆柱齿轮传动

C. 直齿圆锥齿轮传动　　D. 蜗杆传动

2. 机械手表中的齿轮传动属于(　　)传动.

A. 开式齿轮传动　　B. 闭式齿轮传动　　C. 半开式齿轮传动

3. 一对齿轮要正确啮合,它们的(　　)必须相等.

A. 直径　　B. 宽度　　C. 齿数　　D. 模数

4. 齿轮的渐开线的形状取决于它的(　　)直径.

A. 齿顶圆　　B. 分度圆　　C. 基圆　　D. 齿根圆

技能训练

1. 两标准直齿圆柱齿轮,已知 $z_1 = 22$,$z_2 = 98$,大齿轮 h =22.5mm,小齿轮顶圆直径 d_a =240mm,试判断两齿轮能否正确啮合?

2. 简述齿轮传动失效形式.

科学小常识

自行车的齿数比

不管是老式的“10速”自行车，还是现代的具有24个齿轮的山地自行车，它们都配备多个齿轮，以改变每蹬一次脚蹬子所能前进的距离. 例如，一辆普通自行车的车轮直径为66cm. 自行车上的“最低”齿数配比可以是前链轮22齿，后轮30齿，即0.73∶1. 每蹬一圈，后轮将转动0.73圈，也就是说，自行车将前进大约1.5m；如果每分钟蹬60圈，则速度约为5.4km/h. 自行车上的“最高”齿数配比可以是前链轮44齿，后轮11齿，即4∶1. 如果车轮直径为66cm，则每分钟蹬60圈将达到30km/h，每分钟120圈可达60km/h. 5.4km/h～60km/h的速度范围表明，你可以非常缓慢地爬上陡峭山坡，也可以像汽车一样风驰电掣！这就是自行车装有齿轮的原因.

图 6-27

图 6-28

前端的齿轮称为链轮，多数自行车有两个或三个链轮，如图6-27所示；与后轮相连的是飞轮，如图6-28所示，飞轮有五到九个齿轮，具体取决于自行车. 飞轮可在一个方向上自由转动，在另一个方向上则被锁止. 这样骑车人既可以蹬踏板，也可以不蹬踏板——不蹬踏板时，自行车将靠惯性滑行(这是三轮车和高轮车所不具备的一项功能). 为变换齿轮，自行车装配了前、后变速器，如图6-29所示.

图 6-29

后变速器有两个可自由转动的小嵌轮.变速器杆臂和下部嵌轮的作用是张紧链条.嵌轮和杆臂与一个弹簧相连,以使嵌轮始终保持向后拉.当你变换齿轮时,会注意到杆臂的角度发生了变化,以拉紧或放松链条,如图 6-30 所示.

图 6-30

上部嵌轮与飞轮非常靠近,当你用车把上的变速杆调节齿轮时,该嵌轮会移动到飞轮上的不同位置并拖动链条一起移动,如图 6-31 所示.当你蹬踏板时,链条会自然地从一个齿轮滑落到相邻的齿轮上.

图 6-31

有关自行车的一切都很简单.正因为如此,它才成为一种绝妙的骑行工具——同时也是一件杰出的机械工艺品!

任务三　轮系和减速器

知识目标

1. 了解轮系的概念.
2. 了解轮系种类及分类.
3. 掌握定轴轮系的传动比计算.
4. 了解减速器的类型、结构、标准.
5. 掌握减速器的拆装.

能力目标

1. 会识别各种轮系.
2. 会计算定轴轮系的传动比.
3. 能够进行减速器的拆装操作.

图 6-32

相关知识

一、轮系种类及应用

在实际应用的机械中，当主动轴与从动轴的距离较远，或要求传动比较大，或需实现变速和换向要求时，可应用轮系来实现这种传动要求. 减速器多用于连接原动机和工作机，能实现降低转速、增大扭矩的作用，以满足工作机对转速和转矩的要求.

(一) 轮系的概念

由一对齿轮组成的机构是齿轮传动的最简单形式. 在很多机械中，常常要将主动轴的较快转速变换为从动轴的较慢转速，或者将主动轴的一种转速变换为从动轴的多种转速，或者改变从动轴的旋转方向，而采用一系列相互啮合的齿轮将主动轴和从动轴连接起来实现上述功能，这种由一系列相互啮合齿轮组成的传动系统称为轮系.

(二) 轮系的分类

根据轮系传动时各齿轮轴线在空间的相对位置是否固定,轮系可分为定轴轮系和周转轮系.

1. 定轴轮系

轮系运转时,所有齿轮(包括蜗杆、蜗轮)的几何轴线位置均固定不动,这种轮系称为定轴轮系,如图 6-33 所示.

图 6-33

2. 周转轮系

轮系运转时,轮系中至少有一个齿轮的几何轴线绕另一齿轮的几何轴线转动,这种轮系称为周转轮系.(图 6-34)

图 6-34

在图 6-35 中,轴线固定的齿轮 1 和 3 称为太阳轮(或称中心轮);既绕自己轴线自转,又随构件 H 一起绕太阳轮轴线回转的齿轮称为行星轮;构件 H 称为行星架. 当齿轮 1 转动时,内齿轮 3 固定不动,齿轮 2 绕自己轴线自转,同时还随其轴线绕齿轮 1 的轴线转动,从而带动构件 H 转动. 在这个轮系传动时,齿轮 2 轴线的位置不固定,是绕齿轮 1 和齿轮 3 的轴线转动,故此轮系为周转轮系.

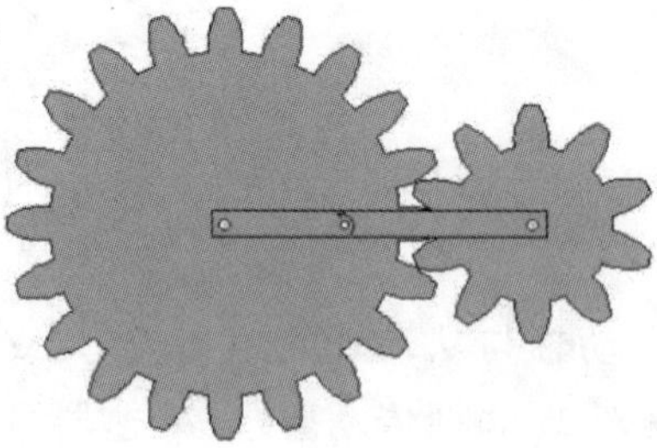

图 6-35

(三) 轮系的应用特点

1. 轮系可获得很大的传动比

当两轴之间需要较大的传动比时,如果仅由一对齿轮传动,则大小齿轮的齿数相差很大,会使小齿轮极易磨损. 假设要求实现传动比为 100,若仅用一对齿轮,则大轮直径为小轮的 100 倍;若采用三级的轮系,则大轮直径可大大减小,结构紧凑,如航空发动机的减速器.

2. 轮系可做较远距离的传动

若两轴距离较远时，用一对齿轮传动，齿轮尺寸必然很大；若采用轮系传动，则结构紧凑，并能进行远距离传动.(图 6-36)

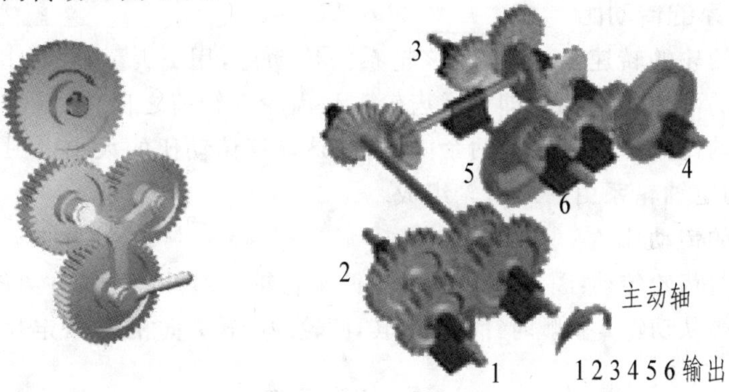

图 6-36

3. 轮系可实现变速、换向要求

如机床主轴的转速，有时要求高，有时要求低；有时要求正转，有时要求反转. 若采用滑移齿轮等变速机构组成轮系，即可实现多级变速要求和变换转动方向.(图 6-37)

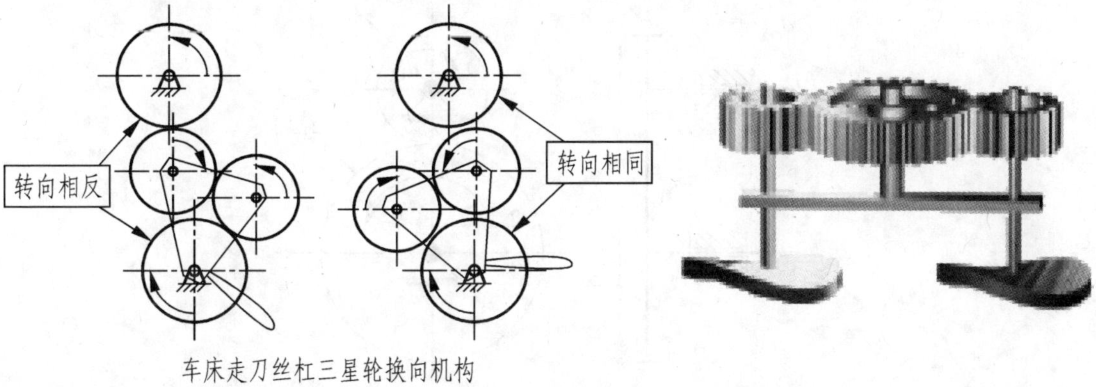

图 6-37

4. 轮系可合成或分解运动

周转轮系可将两个独立运动合成为一个运动，这种轮系可作加(减)法机构，在机床、计算机构和补偿装置中得到广泛应用；或将一个独立运动分解成两个独立的运动，如汽车传动轴、汽车后桥差速器.(图 6-38)

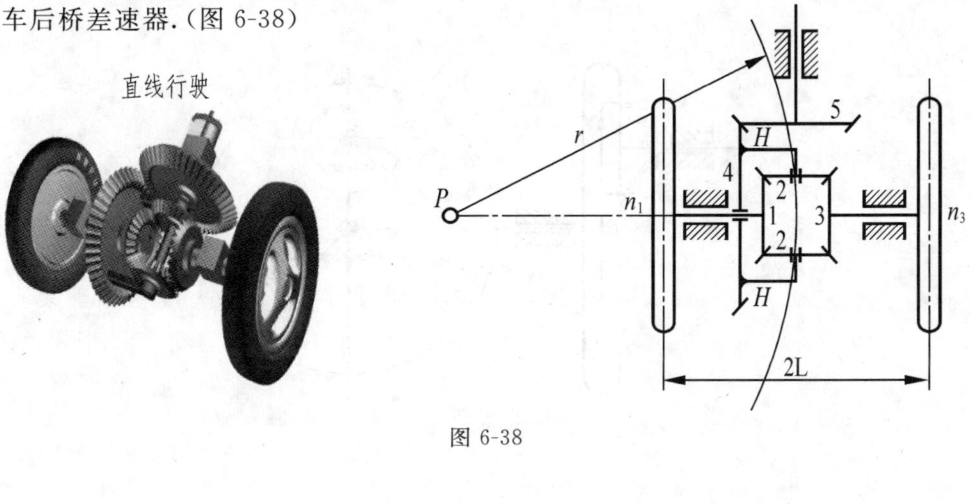

图 6-38

二、定轴轮系的传动比计算

(一) 定轴轮系的传动比

轮系中首末两轮的转速之比，称为该轮系的传动比，用 i 表示，并在其右下角附注两个角标来表示对应的两轮. 例如 i_{15} 即表示齿轮 1 与齿轮 5 转速之比.

一般轮系传动比的计算应包括两个内容：一是计算传动比的大小；二是确定从动轮的转动方向. 最简单的定轴轮系由一对齿轮组成.

1. 一对齿轮的传动比

(1)外啮合圆柱齿轮传动：图 6-39 所示的是两平行轴一对外啮合圆柱齿轮传动. 当主动轮 1 逆时针方向旋转时，从动轮 2 就顺时针方向旋转，两轮的旋转方向相反，规定其传动比为负号.

即：
$$i_{12}=\frac{n_1}{n_2}=-\frac{z_2}{z_1}$$

i_{12}为主、从动轮之间的传动比；n_1为主动轮转速(r/min)；n_2为从动轮转速(r/min)；z_1为主动轮齿数；z_2为从动轮齿数.

两轮转向也可以在图中用箭头表示.

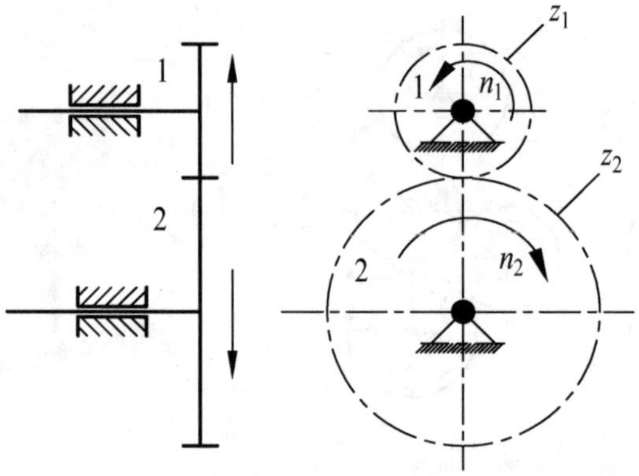

图 6-39

(2)内啮合圆柱齿轮传动：如图 6-40 所示的是两平行轴内啮合圆柱齿轮传动. 当主动轮 1 逆时针方向旋转时，从动轮 2 也逆时针方向旋转，两轮旋转方向相同，规定其传动比为正号.

即：
$$i_{12}=\frac{n_1}{n_2}=+\frac{z_2}{z_1}$$

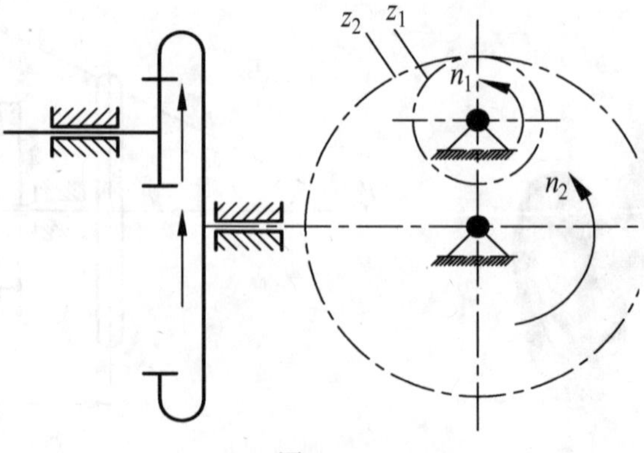

图 6-40

2.定轴轮系的传动比

若在定轴轮系中，首轮(主动轮)的转速为 n_1，末轮(从动轮)的转速为 n_k，外啮合圆柱齿轮对数为 m，则轮系传动比为：

$$i_{1k}=\frac{n_1}{n_k}=(-1)^m\times\frac{\text{所有从动轮齿数连乘积}}{\text{所有主动轮齿数连乘积}}$$

需要指出的是，如果轮系中含有圆锥齿轮或蜗杆蜗轮时，由于圆锥齿轮传动中两轴线相交，而蜗杆传动中两轴线在空间交错，这种轮系的传动比大小仍按上式计算，但主、从动齿轮间不存在转向相同或相反的问题，所以其旋转方向不能用正、负号表示，只能采用画箭头的方法来确定.(图 6-41)

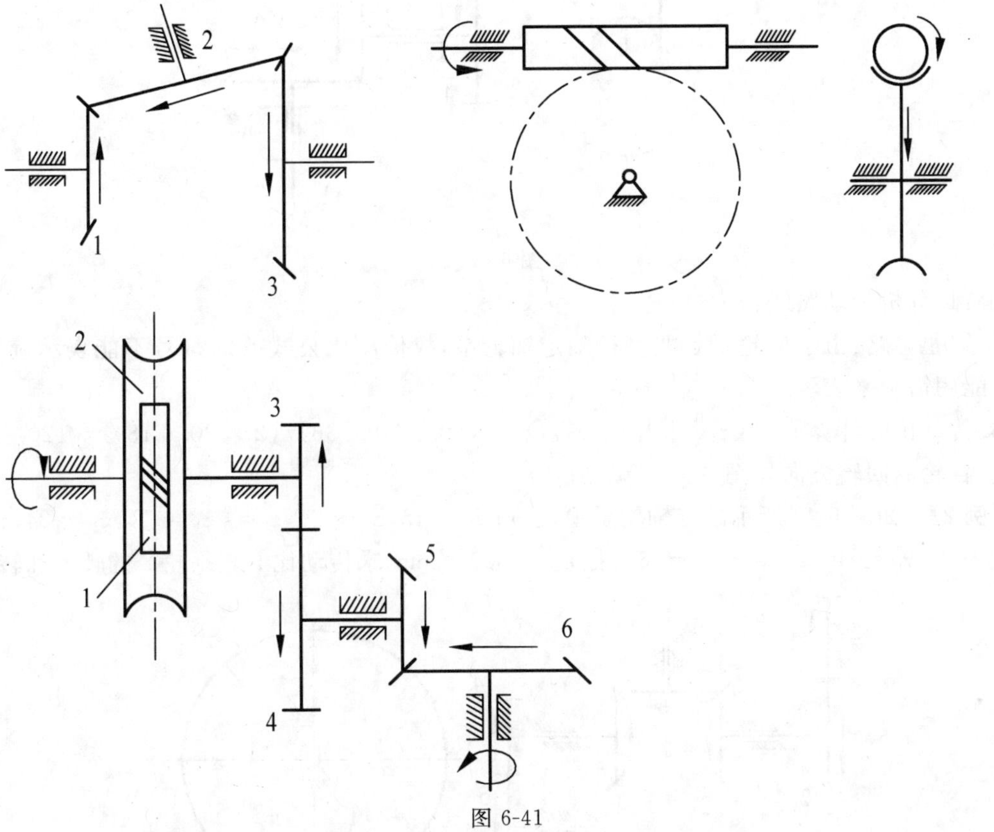

图 6-41

(1)圆柱齿轮的转向：两齿轮为外啮合时转向相反；两齿轮为内啮合时转向相同.

(2)圆锥齿轮的转向：锥齿轮的轴线相交，箭头同时指向节点或同时背离节点.

(3)蜗轮蜗杆转向关系

左(右)手法则：蜗杆右(左)旋用右(左)手，四指握向蜗杆转向，拇指方向表示蜗轮啮合点的速度方向.

在定轴轮系中可以计算末轮(轴)的转速，也可以计算轮系中任意从动轮(轴)的转速，由上式可以直接推导出第 k 个轮的转速为：

$$n_k=\frac{n_1}{i_{1k}}=n_1\times\frac{\text{所有主动轮齿数连乘积}}{\text{所有从动轮齿数连乘积}}$$

此式说明任意轮的转速等于首轮的转速乘以该轮与首轮传动比的倒数，也等于首轮转速乘以首轮和该轮间主动齿轮齿数连乘积与从动齿轮齿数连乘积之比.

(二) 例题解析

【例 1】 图 6-42 所示的定轴轮系，$z_1=2$，$z_2=40$，$z_3=20$，$z_4=60$，$z_5=18$，$z_6=36$. 求该轮系的传动比 i 和判断各轮的回转方向，并在图中标注出来.

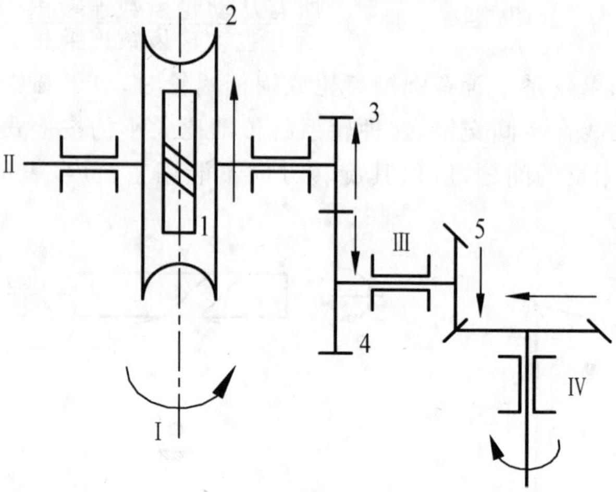

图 6-42

解：1. 分析传动路线：$z_2/z_1 \rightarrow z_4/z_3 \rightarrow z_6/z_5$.

2. 解题思路：由于该轮系是非平行轴定轴轮系，故传动比公式前的符号不能表示旋转方向，只能用箭头来表示.

3. 传动比的计算 $i=(z_2z_4z_6)/(z_1z_3z_5)=(40\times 60\times 36)/(2\times 20\times 18)=120$.

4. 各轮的回转方向如图 6-42 箭头所标.

【例 2】 如图 6-43 所示的定轴轮系中，已知 $z_1=15$，$z_2=25$，$z_{2'}=z_4=14$，$z_3=24$，$z_{4'}=20$，$z_5=24$，$z_6=40$，$z_7=2$，$z_8=60$；若 $n_1=800$ r/min，求传动比 i_{18}、蜗轮 8 的转速和转向.

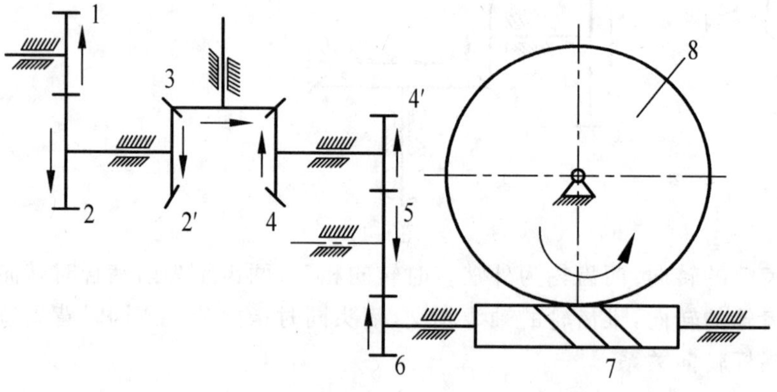

图 6-43

解：

$$i_{18}=\frac{n_1}{n_8}=\frac{z_2z_3z_4z_5z_6z_8}{z_1z_{2'}z_3z_{4'}z_5z_7}$$

$$=\frac{25\times 14\times 40\times 60}{15\times 14\times 20\times 2}=100$$

$$n_8=\frac{n_1}{i_{18}}=\frac{800}{100}\text{r/min}=8\text{r/min}$$

三、减速器的类型、结构与拆装

减速器又称减速机、减速箱，是一台独立的传动装置. 它由密闭的箱体、相互啮合的一对或几对齿轮（或蜗轮蜗杆）、传动轴及轴承等组成，常安装在电动机（或其他原动机）与工作机之间，起降低转速和增大转矩的作用. 在某些情况下，它也用来增速，这时则称为增速器.

（一）减速器类型

按传动原理可分为普通减速器、行星减速器. 其中，普通减速器的类型很多，一般可分为圆柱齿轮减速器、圆锥齿轮减速器、蜗杆减速器、齿轮—蜗杆减速器等.

1. 圆柱齿轮减速器

传动件是圆柱齿轮，只用于平行轴间的传动. 特点是结构简单、传递功率大、效率高. 一般来说，单级减速器的传动比 $i \leqslant 8$，其传动简图如图 6-44 所示. 当传动比较大时，大齿轮比小齿轮大得多，这时，用两级减速比单级减速可得到更合理、更紧凑的结构，如图 6-45 所示. 三级减速器如图 6-46 所示.

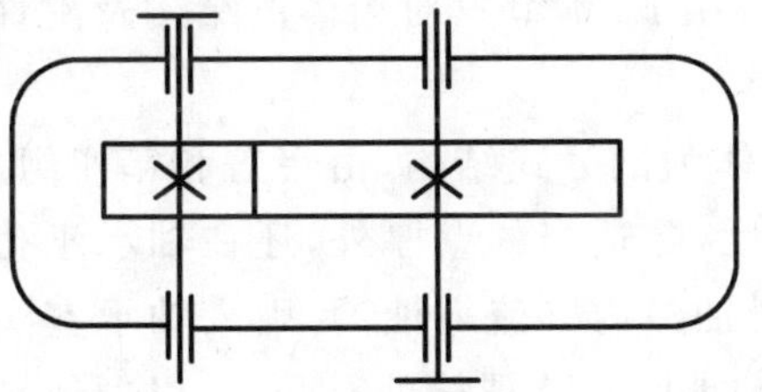

图 6-44

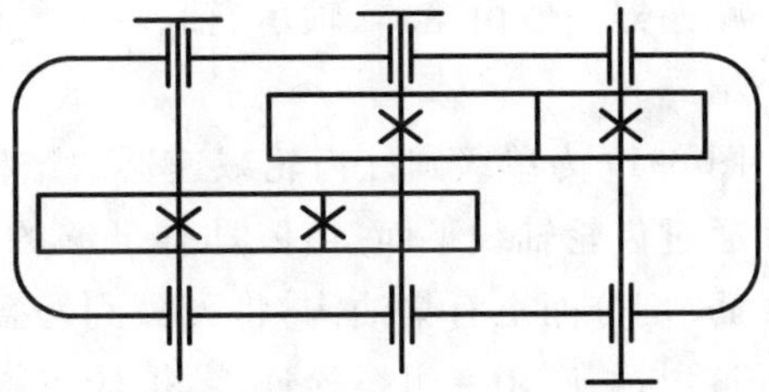

图 6-45

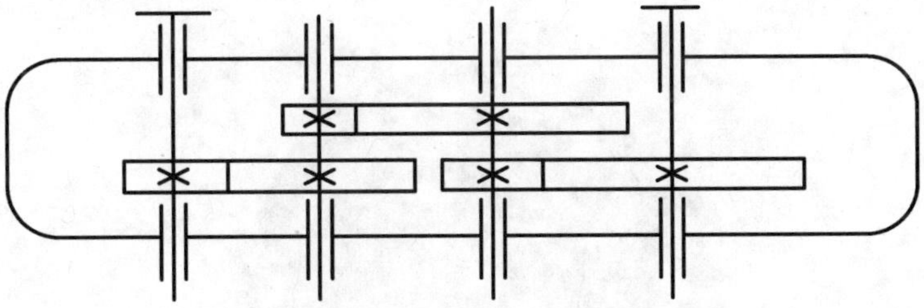

图 6-46

2. 圆锥齿轮减速器

如图 6-47 所示，用于输入轴与输出轴相交、传递功率不大和速度不高的场合.

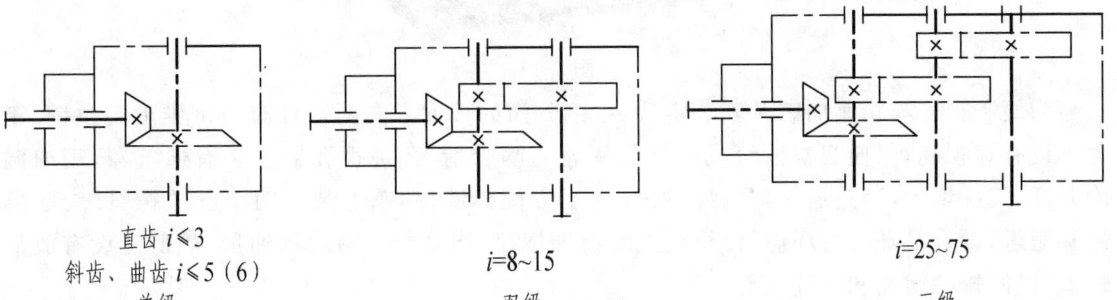

直齿 $i \leqslant 3$
斜齿、曲齿 $i \leqslant 5$（6）
单级

i=8~15
双级

i=25~75
三级

图 6-47

3. 蜗杆减速器

图 6-48 中的蜗杆减速器，用于输入轴与输出轴需要在空间正交(垂直交错)的场合. 它的传动比较大，外廓尺寸较小，工作平稳，噪声小，但其效率较低.

按照减速器的级数不同，又分为单级、两级和三级减速器. 此外，还有立式与卧式之分.

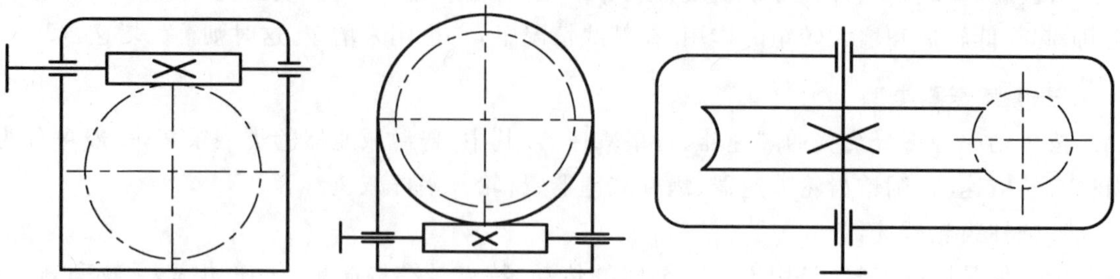

卧式(上置式)　　卧式(下置式)　　立式

图 6-48　蜗杆减速器

(二) 减速器结构

减速器一般由箱体、轴承、轴、轴上零件和附件等组成. 本节只对箱体的结构及附件作主要介绍.

图 6-49 为单级圆柱齿轮减速器的结构图，其箱体为剖分式结构，由箱盖和箱座组成，剖分面通过齿轮轴线平面. 箱体具有足够的强度和刚度，除适当的壁厚外，还在轴承座孔处设加强筋. 剖分面上有集油沟，将飞溅到箱盖上的润滑油沿内壁流入油沟，引入轴承室润滑轴承. 箱盖与箱座用一组螺栓连接，螺栓布置应合理. 轴承座安装螺栓处有凸台，以便使轴承座孔两侧连接螺栓尽量靠近轴承座孔中心. 安装螺栓的凸台应留有扳手空间.

图 6-49

为便于箱盖与箱座加工及安装定位，在剖分面的长度方向两端各有一个锥形定位销. 箱盖上设有窥视孔，以便观察齿轮或蜗杆与蜗轮的啮合情况. 窥视孔盖上装有通气器，箱内温度升高，气压增大，经过通气器向外散发. 为了方便拆卸，箱盖上装有两个起盖螺钉. 为了拆卸和搬运，设有吊耳或吊环螺钉. 箱座上装有油标尺，用来检查箱内的油量. 最低处设有放油螺塞，以便排除污油和清洗底部.

(三) 减速器的标准

目前我国已制定了 50～60 种齿轮及蜗杆减速器标准系列，并由专业工厂生产. 如通用圆柱齿轮减速器标准 ZBJ19004—88、锥齿轮减速器标准 YB/T050—93、圆柱蜗杆减速器标准 JB/ZQ4390—86 等,用户可根据产品目录选购,优先采用合适的标准减速器,只有在没有合适的标准减速器时,才需自行设计.

减速器的代号包括减速器的型号、低速级中心距、公称传动比、装配形式和专业标准号.其中型号用字母组合表示,ZDY、ZLY、ZSY 分别表示单级、两级、三级.

【例】 代号 ZLY560—11.2—I ZBJ19004—1988 的含义.

"ZLY"表示减速器型号为两级;"560"表示低速中心距为 560mm;"11.2"表示公称传动比为 11.2;"I"表示第一种装配形式;"ZBJ19004—1988"表示专业标准号.

(四) 减速器的拆装

1. 实验目的

(1)了解减速器各部分的结构,并分析其结构工艺性.

(2)了解减速器各部分的装配关系.

(3)熟悉减速器的拆装和调整过程.

2. 实验所用的工具、设备、仪器

(1)单级或二级减速器一台

(2)游标卡尺一把

(3)活扳手二把

(4)套筒扳手一套

(5)钢板尺一把

3. 实验内容

(1)了解铸造箱体的结构.

(2)观察、了解减速器附属零件的用途,结构安装位置的要求.

(3)测量减速器的中心距、中心高、箱座下凸缘及箱盖上凸缘的宽度和厚度、筋板厚度、齿轮端面与箱体内壁的距离、大齿轮顶圆与箱体底壁之间的距离、轴承内端面至箱体内壁之间的距离(本减速器有 6 个轴承,有 6 个这样的距离,选择其中符合设计规范要求的一个).

(4)了解轴承的润滑方式和密封装置,包括外密封的形式,轴承内侧的挡油环、封油环的作用原理及其结构和安装位置.

(5)测绘高速轴及轴承部件的结构草图.

4. 实验步骤

(1)拆卸

①仔细观察、分析减速器外部各部分的结构.

②用扳手拆下观察孔盖板,考虑观察孔位置是否恰当,大小是否合适.

③拆卸箱盖.

a. 用扳手拆卸上下箱体之间的连接螺栓,拆下定位销.将螺栓、螺钉、垫片、螺母和销钉放在盘中,以免丢失,然后拧动启盖螺钉使上下箱体分离,卸下箱盖.

b. 仔细观察、分析箱体内各零部件的结构和位置.

c. 测量实验内容,了解所要求的尺寸.

d. 卸下轴承盖,将轴和轴上零件一起从箱内取出,按合理顺序拆卸轴上零件.

e. 测绘高速轴及其支承部件结构草图.

(2)装配

按原样将减速器装配好，装配时按先内部后外部的合理顺序进行.装配轴套和滚动轴承时，应注意方向，注意滚动轴承的合理装配方法，经指导教师检查合格后才能合上箱盖，注意退回启盖螺钉，并在装配上、下箱体之间的螺栓前应先安装好定位销，最后拧紧各个螺栓.

5.注意事项

(1)切勿盲目拆装，拆卸前要仔细观察零部件的结构及位置，考虑好拆装顺序，拆下的零部件要统一放在盘中，以免丢失和损坏.

(2)爱护工具、仪器及设备，仔细拆装、避免损坏.

课堂检测

一、填空

1.由一系列相互啮合的齿轮组成的传动系统称为__________.

2.齿轮在运动中轴线__________的轮系称为定轴轮系.

3.把轮系中____称为轮系传动比.

4.减速器有__________、__________、__________和__________四种类型.

5.轮系可获得__________的传动比，并可作__________距离的传动.

二、选择题

1.机床主轴箱中的变速滑移齿轮，应该用(　　).

A.直齿圆柱齿轮　　B.斜齿圆柱齿轮

C.人字齿圆柱齿轮　　D.直齿圆锥齿轮

2.两轴在空间交错90°的传动，如已知传递载荷及传动比都较大，则宜选用(　　).

A.螺旋齿轮传动　　B.斜齿圆锥齿轮传动　　C 蜗杆蜗轮传动

3.对于模数相同的齿轮，如果齿数增加，齿轮的几何尺寸(　　)，齿形(　　)，齿轮的承载能力(　　).

A.增加　　B.减少　　C.没有变化

技能训练

1.如图6-50所示，已知定轴轮系各轮的齿数及主动轮1的转向，将传动比式子列出，并判断从动轮5的转向.

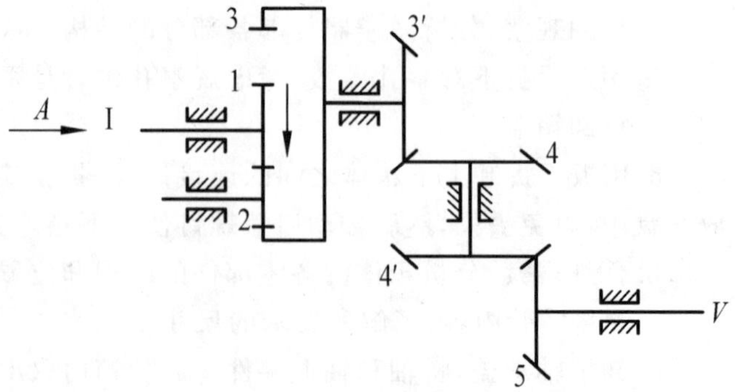

图 6-50

2. 如图 6-51 所示，已知轮系 $z_1=18, z_2=20, z_{2'}=25, z_3=25, z_{3'}=2$（右旋），当 a 轴旋转 100 圈时，b 轴转 4.5 圈，求 $z_4=$？

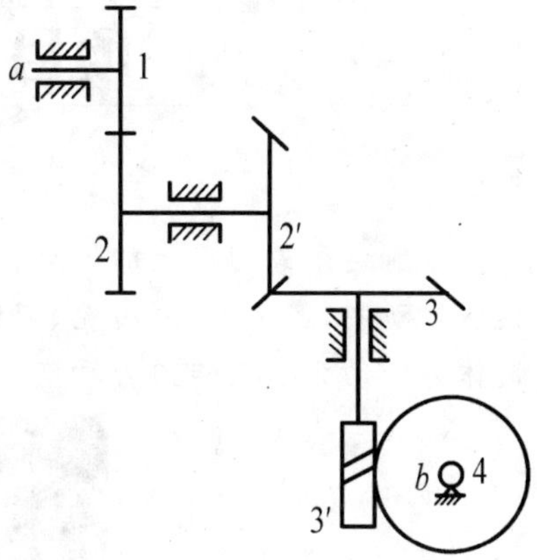

图 6-51

科学小常识

汽车减速器

工作原理：它是依靠齿数少的齿轮带动齿数多的齿轮来实现减速的. 主减速器是在传动系中起降低转速、增大转矩作用的主要部件，当发动机纵置时还具有改变转矩方向的作用. 将主减速器布置在动力向驱动轮分流之前的位置，有利于减小前面的传动部件（如离合器、变速器、传动轴等）所传递的转矩，从而减小这些部件的尺寸和减轻重量.

按参加减速传动的齿轮副数目不同，汽车减速器可分为单级式主减速器和双级式主减速器. 单级主减速器结构简单、体积小、重量轻、传动效率高，应用于微、轻、中型车. 双级式主减速器应用于大传动比的中、重型车. 若第二级减速在车轮附近进行，实际上构成两个车轮处的独立部件，则称为轮边减速器，有利于减小半轴的尺寸和质量. 轮边减速器是由行星齿轮和一对圆柱齿轮副构成的. 圆柱齿轮副的轮边减速器可以通过调节两齿轮的相互位置，改变车轮轴线与半轴之间的上下位置关系.

按主减速器传动比挡数不同，汽车减速器可分为单速式和双速式两种. 目前，国产汽车基本都采用了传动比固定的单速式主减速器. 在双速式主减速器上，设有供选择的两个传动比，这种主减速器实际上又起到了副变速器的作用.

按减速齿轮副结构形式不同，汽车减速器可分为圆柱齿轮式、圆锥齿轮式和准双曲面齿轮式等形式. 在发动机横向布置的汽车驱动桥上，主减速器往往采用简单斜齿圆柱齿轮；纵向布置汽车的驱动桥上，采用圆锥齿轮和准双曲面齿轮等形式，与圆锥齿轮相比，准双曲面齿轮工作平稳性更好，弯曲强度和接触强度更高，还可以使主动齿轮轴线相对于从动齿轮轴线偏移. 当主动齿轮轴线向下偏移时，可以降低传动轴的位置，从而有利于降低车身及整车重心高度，提高汽车的行驶稳定性.

项目七　液压与气压传动

目前运用最为广泛的四大传动是液压传动(图 7-1)、机械传动、电气传动和气压传动.在机械传动中,经常由轴、齿轮、带和带轮等传动组成,用以传递力和运动.在液压传动中,则以液体为传动介质来传递力和实现能量的转换.液压传动和机械传动是两种不同的传动方式.

图 7-1

任务一　液压传动原理

知识目标

1. 了解液压传动的工作原理.
2. 懂得液压传动系统的组成及液压元件的作用.

能力目标

了解液压传动的特点.

相关知识

一、液压传动工作原理

液压传动是以液体为工作介质,利用密闭系统中的受压液体来传递运动和力的一种传动方式.液体传动按其工作原理的不同分为两类:主要以液体的动能进行工作的称为液力传动;主要以液体液压能进行工作的称为液压传动.

液压传动的工作原理可以用一个液压千斤顶的工作原理来说明.图 7-2 中 7 和 3 分别是大缸体和小缸体,缸内活塞 6 和 2 与缸体保持良好的配合,既能滑动又能实现可靠的密封,两油缸的下腔用油管连通. 当提起杠杆 1 时，小活塞被带动上升，小油缸下腔的密闭容积增大，压力减小并产生局部真空，油箱 10 中的油液在大气压力作用下，打开单向阀 4 进入小油缸下腔，完成一次吸油动作. 当用力压下杠杆 1 时，小活塞下移，小油缸下腔的容积减小、压力增大，单向阀 4 关闭，单向阀 8 打开，油液进入大油缸下腔，推动活塞 6 使重物 5 上升一段距离，完成一次压油动作. 反复提压杠杆 1，就能使油液不断地被压入大油缸，使重物不断地升高，达到起重的目的. 若将放油塞 9 旋转 90°，大油腔里的油就会流回到油箱，活塞 6 就回到原位. 这就是液压千斤顶的工作过程.

从以上液压千斤顶的工作过程可以看出，它先将杠杆上下运动的机械能转换成液体的液压能，随后又将液体的液压能转换成重物上升的机械能而做功.

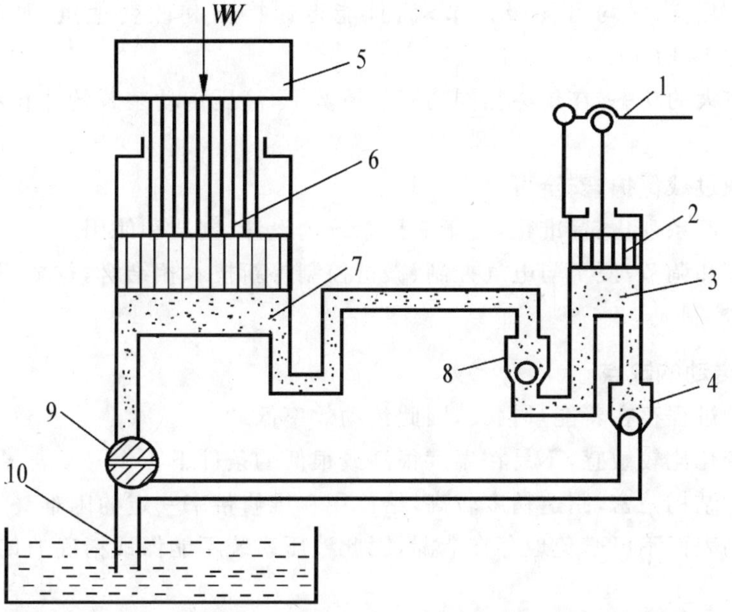

1—杠杆　2—小活塞　3、7—油腔　4、8—单向阀　5—负载(重物)

6—大活塞　9—放油阀　10—油箱

图 7-2

二、液压传动系统的构成

液压传动系统由以下五个部分组成：

1. 动力元件

把机械能转化为液压能的装置，常见的动力元件为液压泵. 它是液压传动系统中的原动件.

2. 执行元件

把液体的液压能转化为机械能的装置，执行元件为液压缸、液压马达. 作用是在压力油的推动下输出力和速度，以驱动工作部件.

3. 控制元件

控制调节系统中液体压力、流量或流向的装置，常见的控制元件有各种阀类元件，如换向阀、压力阀、流量阀等. 它们的作用是控制液压系统中液体的流动方向、压力和流量，以保证执行元件完成预期的工作运动.

4. 辅助元件

保护系统正常工作的装置，如过滤器、蓄能器、压力表、油管及各种管接头等. 它们是这些液压系统中不可缺少的部分.

5. 工作介质

工作介质主要是传递能量的液体介质，通常为各种液压油.

三、液压传动的特点

（一）液压传动的优点

1. 速度、扭矩、功率均可无级调节，而且能迅速换向和改变速度，调速范围宽，可达 2000∶1（一般为 100∶1）.

2. 能传递较大的功率. 在传递相同功率的情况下，液压传动装置的体积小，重量轻，结构紧凑，布局灵活.

3. 易于实现过载保护，安全可靠.

4. 液压元件已系列化、标准化，便于液压系统的设计、制造和使用.

5. 易于控制和调节，便于与电气控制、微机控制等新技术相结合，构成“机、电、液、光”一体化，实现数字控制.

（二）液压传动的缺点

1. 油液流动过程存在着能量损失，因此传动效率低.

2. 对油温变化比较敏感，不易在温度很高或很低的条件下工作.

3. 液压元件结构精密，制造精度较高，给使用和维修带来一定的困难.

4. 相对运动表面不可避免地存在泄漏，因此液压系统不能保证精确的传动比.

课堂检测

一、填空题

1. 液压传动的工作原理是以__________为工作介质，利用__________传递力和进行控制的一种方式.

2. 液压传动系统中，常见的动力元件有__________，常见的执行元件有__________、__________，常见的控制元件有__________、__________、__________等，常见的辅助元件有__________、__________、__________等.

3. 液压泵将电动机的__________能转变为液体的__________能，而液压缸又将这些能量转变为工作机构运动的__________能.

二、选择题

1. 液压系统的执行元件是（　　）.

A. 电动机　　B. 液压泵　　C. 液压缸　　D. 液压阀

2. 液压传动的特点是（　　）.

A. 可与其他传动方式联用，但不易实现远距离操纵和自动控制

B. 速度、扭矩、功率均可做无级调节

C. 能迅速转向、变速、传动精确、效率高

D. 不能实现系统过载保护和保压

3. 液压传动与机械传动、电气传动比较，不属于其优点的是（　　）.

A. 易于获得很大的力　　B. 易于在较大的范围内实现无级变速

C. 传动比较恒定、准确　　D. 便于频繁换向和自动防止过载

三、简答题

1. 液压传动系统的组成有哪些？

2. 简述液压传动系统各元件的作用.

技能训练

通过实践操作掌握完成液压传动系统的简图绘制.

科学小常识

液压传动技术的历史进程与发展趋势

从公元前200多年前到17世纪初，希腊人发明的螺旋提水工具和中国出现的水枪等，是液压技术最古老的应用.

第二次世界大战期间，由于军事上的需要，出现了以电液伺服系统为代表的响应快、精度高的液压元件和控制系统. 20世纪50年代，随着世界各国经济的恢复和发展，生产过程自动化的程度不断增长，液压技术很快转入民用工业，在机械制造、起重运输机械及各类施工机械、船舶、航空等领域得到了广泛的发展和应用. 20世纪60年代以来，随着原子能、航空航天技术、微电子技术的发展，板式、叠加式液压阀系列与以比例电磁铁为电气一机械转换器的电液比例控制阀被广泛用于工业控制中，提高了电液控制系统的抗污染能力和性价比. 随着科学技术的进步和人类环保、能源危机意识的提高，近20年来，历史上以纯水作为工作介质的纯水液压传动技术得以继续研究，并得到了持续稳定的发展，正在逐渐成为现代液压传动技术中的热点技术和新的发展方向之一.

21世纪将是信息化、网络化、知识化和全球化的时代，信息技术、生命科学、生物技术和纳米技术等新科技的日益进展，将对液压传动与控制技术的研究、设计研究及方法，各类液压产品的结构与工艺、应用领域以及企业的经营管理模式产生深刻的影响和革命性变化. 在社会和工程需求的强力推动及机械与电气传动及控制的挑战下，液压传动与控制技术将依托科学，不断发挥自身优势，满足客观需求，变得更加绿色化、一体化、模块化、智能化和网络化.

任务二　液压系统的动力元件

知识目标

1. 了解液压泵的工作原理.
2. 了解液压泵工作的必备条件.
3. 认识液压泵的类型和符号.

能力目标

了解常见液压泵的结构和应用.

相关知识

一、液压泵

液压泵是将机械能转化为液压能的装置,为液压系统提供压力油,是液压系统的动力源.

(一) 液压泵的工作原理

图 7-3 是一单柱塞液压泵的工作原理图.柱塞 2 装在缸体 3 中形成一个密封容积 a,柱塞 2 在弹簧 4 的作用下始终压紧在偏心轮 1 上.原动机驱动偏心轮 1 旋转,使柱塞 2 作往复运动,密封容积 a 的大小发生周期性的交替变化.当柱塞 2 右移,密封容积 a 由小变大时就形成部分真空,使油箱中油液在大气压作用下经吸油管顶开单向阀 6 进入 a 而实现吸油;反之,当柱塞 2 左移密封容积 a 由大变小时,a 中吸满的油液将顶开单向阀 5 流入系统而实现压油.这样液压泵就将原动机输入的机械能转换成液体的液压能,原动机驱动偏心轮不断旋转,液压泵就不断地吸油和压油.

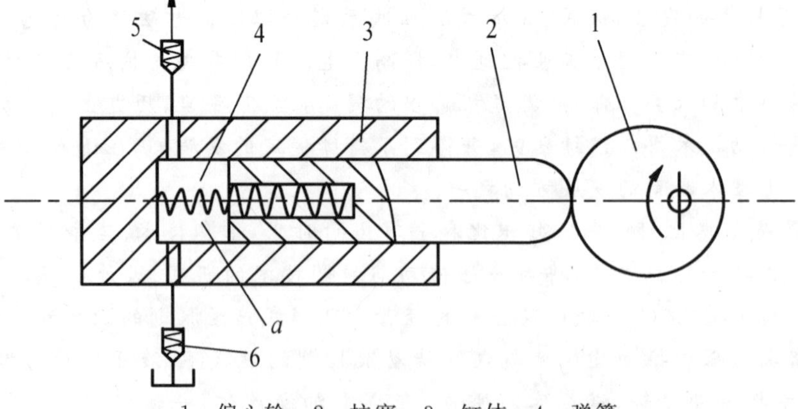

1—偏心轮　2—柱塞　3—缸体　4—弹簧

5—压油单向阀　6—吸油单向阀　a—密封油腔

图 7-3　液压泵的工作原理图

液压泵中的密封油腔处于吸油状态时称为吸油腔，处于输油状态时称为压油腔. 吸油腔的压力取决于吸油高度和吸油管路的阻力；压油腔的压力则取决于外负载和排油管路的压力损失. 由上述分析可见，液压泵是依靠密封油腔的容积变化的原理来进行工作的，故一般称为容积式液压泵.

（二）液压泵的特点

1. 具有若干个密封且又可以周期性变化的空间. 液压泵输出流量取决于密封空间的容积变化量和单位时间内的变化次数，与其他因素无关. 这是容积式液压泵的一个重要特性.

2. 油箱内液体的绝对压力必须恒等于或大于大气压力. 这是容积式液压泵能够吸入油液的外部条件. 因此，为保证液压泵正常吸油，油箱必须与大气相通，或采用密闭的充压油箱.

3. 具有相应的配流装置，将吸油腔和排液腔隔开，保证液压泵有规律地且连续地吸、排液体. 液压泵的结构原理不同，其配油装置也不相同. 图 7-3 中的单向阀 5、6 就是配油装置.

（三）液压泵的分类

液压泵按其在单位时间内所能输出的油液的体积是否可调节而分为定量泵和变量泵两类；按结构形式可分为齿轮式、叶片式和柱塞式三类. 表 7-1 为液压泵的图形符号.

表 7-1　液压泵的图形符号

特性 / 名称	单向定量泵	单向变量泵	双向定量泵	双向变量泵	并联单向定量泵
图形符号	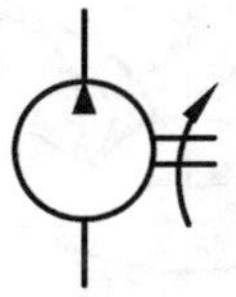		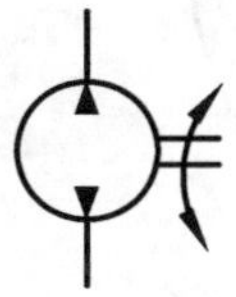		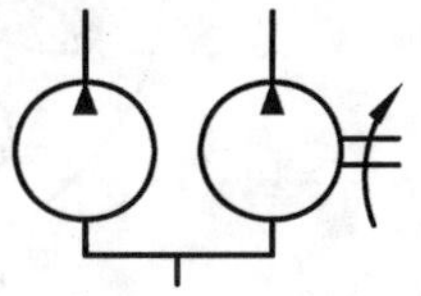

1. 齿轮泵

齿轮泵是液压传动系统中常用的液压泵，一般做成定量泵. 按结构不同，齿轮泵分为外啮合齿轮泵和内啮合齿轮泵. 优点：结构简单、制造方便；外形尺寸小，重量轻；价格低廉；工作可靠，自吸能力强，对油的污染不敏感. 缺点：一些机件承受不了平衡力，磨损严重；泄漏严重；流量脉动较大；存在困油现象；排量不可调节.

图 7-4 为外啮合齿轮泵工作原理图. 在泵的壳体内有一对外啮合渐开线直齿圆柱齿轮，齿轮两端面有端盖盖住，齿轮两端面与端盖的间隙以及齿轮的齿顶与泵体内表面的间隙都很小，一对啮合的轮齿，将泵体、前后端盖和齿轮包围的密封容积分隔成左、右两个密封工作腔. 当原动机带动齿轮如图示方向旋转时，右侧的轮齿不断退出啮合，其密封工作腔容积逐渐增大，形成局部真空，油箱中的油液在大气压力的作用下进入密封油腔即吸油腔，随着齿轮的转动，吸入的油液被齿间转移到左侧的密封工作腔；而左侧的轮齿不断进入啮合，使密封油腔即压油腔容积逐渐减小，把齿间油液挤出，从压油口输出，压入液压系统. 齿轮连续旋转，泵连续不断地吸油和压油. 吸油区和压油区由相互啮合的轮齿分隔开，没有配流装置. 内啮合齿轮泵有渐开线齿轮泵和摆线齿轮泵（又名转子泵）两种，其主要特点和工作原理与外啮合齿轮泵基本相同，读者可自行分析，如图 7-5 所示为内啮合齿轮泵工作原理图.

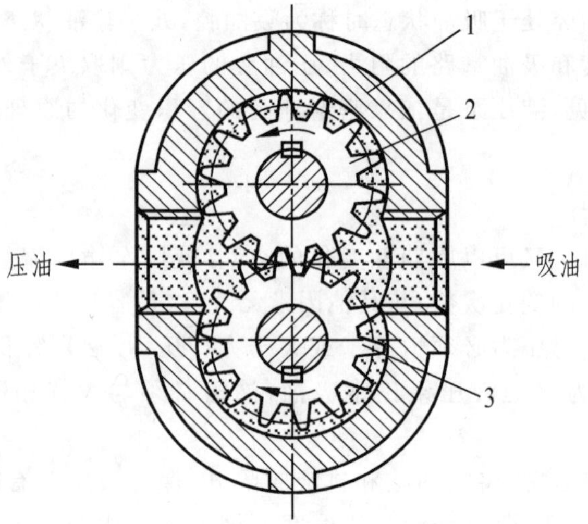

1—壳体　2—主动齿轮　3—从动齿轮

图 7-4　外啮合齿轮泵工作原理图

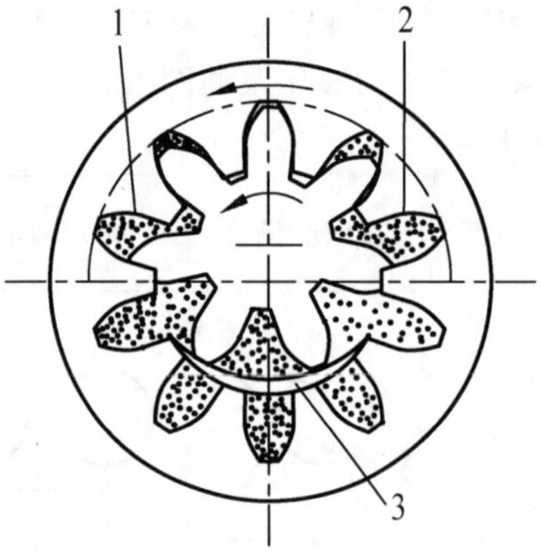

a　渐开线齿轮泵

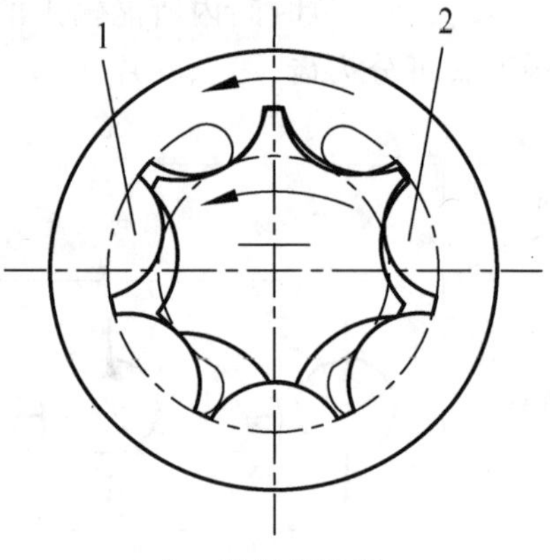

b　摆线齿轮泵

1—吸油腔　2—压油腔　3—隔板

图 7-5　内啮合齿轮泵工作原理图

2.叶片泵

叶片泵有单作用式(非平衡式)和双作用式(平衡式)两大类，在中高压系统中得到广泛的应用.叶片泵输出流量均匀，脉动小，噪声小，但结构较复杂，吸油特性不太好，对油液的污染也比较敏感.

(1)单作用叶片泵

图 7-6 为单作用叶片泵的工作原理图.它由转子 1、定子 2、叶片 3、配油盘(虚线所示为配流盘窗口)和端盖(图中未示出)等部件组成.定子具有圆柱形内表面，转子和定子间有偏心距 e，转子上均布有相对于转动方向后倾的转子槽，叶片在转子槽中可灵活滑动.转子转动时受离心力的作用，叶片顶部贴紧在定子内表面上，于是两相邻叶片、配油盘、定子、转子以及端盖之间就形成了一个个密封空间.当转子逆时针方向旋转时，右侧叶片向外伸出，密封工作腔容积增大，产生真空，油液通过吸油口和配油盘上窗口吸入；在左侧，密封腔的容积逐渐减小，油液通过配油盘另一个窗口和压油口压出，输送到系统中去.转子不停地旋转，泵就不停地吸油和压油.

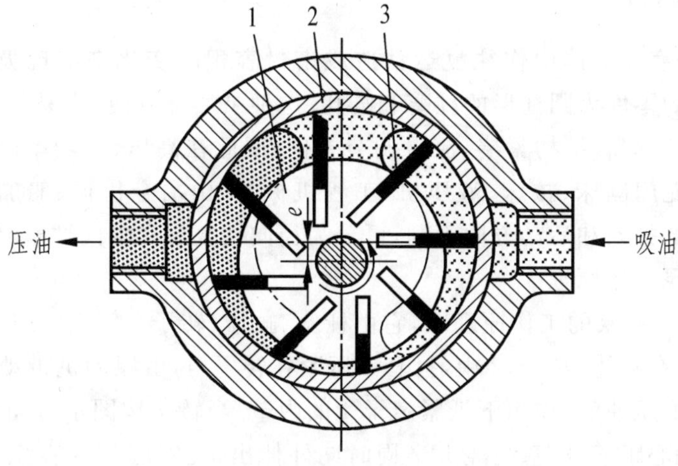

1—转子 2—定子 3—叶片

图 7-6 单作用叶片泵的工作原理图

单作用叶片泵的转子每转一周每个密封容积完成一次吸油和一次压油;同时油泵转子和轴承上还受到不平衡液压力作用,因此又称为非平衡式液压泵.单作用叶片泵的偏心距和偏心方向可以通过手动或自动调节而改变,使之成为单向变量泵和双向变量泵.双向变量泵能在工作中变换进、出油口,使液压执行元件的运动反向.自动调节式变量泵有限压式变量泵、稳流量式变量泵等多种形式,其中限压式变量泵还可分为外反馈和内反馈两种.

(2)双作用叶片泵

图 7-7 为双作用叶片泵的工作原理图.定子的内表面由两段长半径圆弧、两段短半径圆弧和四段过渡曲面组成,定子与转子同心,转子上均匀分布着相对旋转方向前倾的径向斜槽.转子顺时针方向旋转时,左上角和右下角处的密封容积逐渐增大,形成真空,为吸油区;左下角和右上角处的密封容积逐渐减小,油液受压,为压油区.吸油区和压油区之间被一段封油区隔开,转子每转一周,每个密封工作腔各完成两次吸油和两次压油,所以这种泵称为双作用叶片泵;同时这种泵的吸、压油腔的布局径向对称,作用在转子上的液压力径向平衡,故又称为平衡式叶片泵.因转子和定子同心,所以油泵排量不可调,是定量泵.该泵的全称为双作用平衡式定量叶片泵.

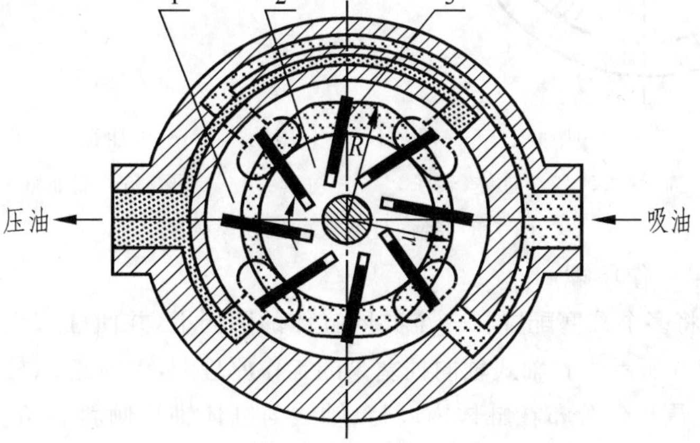

1—定子 2—转子 3—叶片

图 7-7 双作用叶片泵的工作原理图

3. 柱塞泵

柱塞泵是靠柱塞在缸体中作往复运动造成密封容积的变化来实现吸油与压油的液压泵. 构成密封容积的零件为圆柱形的柱塞和缸孔. 这种泵加工方便,容易得到高的配合精度,密封性能好,容积效率高,结构紧凑,流量调节方便,因此在高压、大功率的系统中和流量需要调节的场合,如龙门刨床、拉床、液压机、工程机械、矿山冶金机械、船舶中得到广泛的应用. 柱塞泵按柱塞的排列和运动方向不同,可分为径向柱塞泵和轴向柱塞泵两大类.

(1)径向柱塞泵工作原理

图 7-8 为径向柱塞泵的工作原理图,它由柱塞、缸体(转子)、衬套、定子、配油轴等组成,柱塞 1 径向排列装在缸体(转子)2 中,衬套 3 压紧在转子内,由原动机带动一起旋转,柱塞 1 在离心力的(或在低压油的)作用下抵紧定子 4 的内壁. 当转子按图示方向回转时,由于定子和转子之间存在偏心距 e,柱塞绕经上半周时向外伸出,柱塞底部的容积逐渐增大,形成真空,油液便从配油轴 5 的吸油口 b 经过衬套 3 上的油孔吸入;当柱塞转到下半周时,定子内壁将柱塞向里推,柱塞底部的容积逐渐减小,向配油轴的压油口 c 压油,当转子回转一周时,每个柱塞底部的密封容积完成一次吸、压油,转子连续运转,即完成吸、压油工作. 配油轴固定不动,油液从配油轴上半部的两个孔 a 流入,从下半部两个油孔 d 压出,为了进行配油,在配油轴和衬套 3 接触的一段上加工出上下两个缺口,形成吸油口 b 和压油口 c,留下的部分形成封油区. 封油区的宽度应能封住衬套上的吸、压油孔,以防吸油口和压油口相通,但尺寸不宜太大,以免产生困油现象. 改变偏心距 e 即可改变供油量,改变偏心距 e 的方向即可改变供油方向.

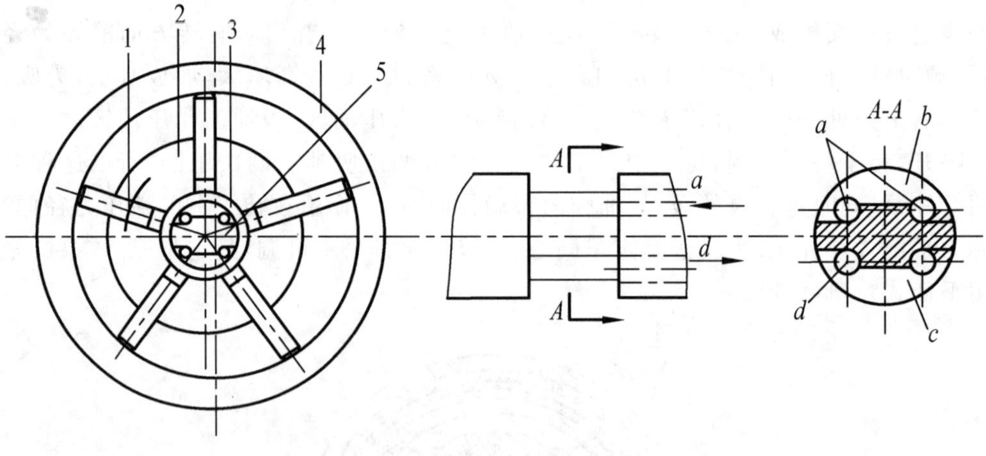

a—吸油孔　b—吸油口　c—压油口　d—压油孔

1—柱塞　2—缸体(转子)　3—衬套　4—定子　5—配油轴

图 7-8　径向柱塞泵的工作原理图

(2)轴向柱塞泵工作原理

轴向柱塞泵是将多个柱塞配置在一个共同缸体的圆周上,并使柱塞中心线和缸体中心线平行的一种泵. 图 7-9 所示为直轴式轴向柱塞泵的工作原理图,由斜盘 2、柱塞 3、缸体 4 和配油盘 5 组成. 柱塞沿圆周均匀分布在缸体内. 斜盘轴线与缸体轴线倾斜一角度 γ,柱塞靠机械装置或在低压油作用下压紧在斜盘上(图中为弹簧),配油盘 5 和斜盘 2 固定不转,传动轴带动缸体和柱塞一起转动,柱塞在缸体内作往复运动,并通过配油盘的配油窗口进行吸油和压油.

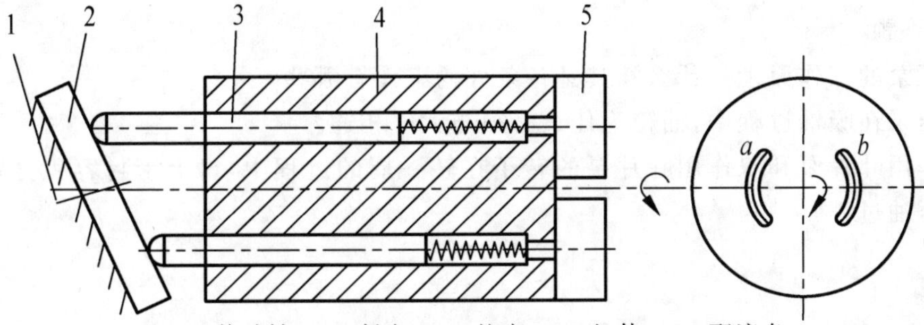

1—传动轴 2—斜盘 3—柱塞 4—缸体 5—配流盘

图 7-9 轴向柱塞泵的工作原理图

缸体每转一周,每个柱塞各完成吸、压油一次,若改变斜盘倾角 γ,就能改变柱塞行程的长度,即改变液压泵的排量;改变斜盘倾角方向,就能改变吸油和压油的方向,即成为双向变量泵.

课堂检测

一、填空题

1. 液压传动中所指的压力是________,单位是________.

2. 液压传动系统中,液压泵的输出功率等于液压泵输出的________与________的乘积.

3. 千斤顶的大小活塞之比为 10∶1,那么大活塞所受到的力是小活塞所受到的力的________倍,若大活塞上升 2mm,则小活塞被压下的距离是________ mm.

4. 液压泵是将________输出的________转化为液压油的________的装置,是液压系统的________元件.

5. 叶片泵工作压力比齿轮泵________,流量脉动________,工作稳定________.

6. 液压泵正常工作时,必须满足的条件有:具有若干个且可以________变化的________,应有________装置,油箱内液体的绝对压力必须等于或大于________.

7. 柱塞泵分为________柱塞泵和________柱塞泵. 与齿轮泵和叶片泵相比,柱塞泵工作压力________.

二、选择题

1. 液压传动系统中,压力的大小取决于(　　).

A. 负载　　B 油液的流量　　C. 油液的流速　　D. 泵的额定压力

2. 拖动液压泵的电机的功率比液压泵输出功率(　　).

A. 相等　　B. 小些　　C. 大些　　D. 无法确定

3. 油液流过不同截面积的通道时,各个截面处的压力与通道截面积(　　).

A. 成反比　　B. 成正比　　C. 相等　　D. 无关

4. 当负载不变时,若液压缸有效的工作面积增大,液压缸中油液的压力(　　).

A. 变大　　B. 变小　　C. 不变　　D. 随着活塞的运动速度变化而变化

5. 不属于液压泵中的元件是(　　).

A. 电动机　　B. 液压泵　　C. 液压缸　　D. 安全阀

6. 不可以实现变量的液压泵有(　　).

A. 外啮合齿轮泵　　B. 叶片泵　　C. 径向柱塞泵　　D. 轴向柱塞泵

三、简答题

1. 液压泵的工作原理是什么？其必备条件的工作有哪些？

2. 液压泵在吸油过程中，油箱为什么必须与大气相通？

3. 单作用叶片泵和双作用叶片泵的转子在转一周的过程中，每个密封容积分别完成几次吸油和压油过程？

技能训练

对单作用叶片泵、双作用叶片泵和柱塞泵进行分组讨论，了解它们的优缺点.

科学小常识

液压泵维修方法及主要注意事项

液压泵的系统效率要取决于液压泵的容积效率，当容积效率下降到72%时，就需要进行常规维修，更换轴承和老化的密封件，修复超出配合间隙的摩擦副或更换配件.

直轴斜盘式柱塞泵分为压力供油型和自吸油型两种. 压力供油型液压泵大都采用有气压的油箱，也有液压泵本身带有补油分泵向液压泵进油口提供压力油的. 自吸油型液压泵的自吸油能力很强，无需外力供油. 如果发现液压缸速度下降或闷车时，就应该检查叶轮边沿是否有刮伤现象，内齿轮泵间隙是否过大. 自吸油型柱塞泵的液压油箱内的油液不得低于油标下限，要保持足够数量的液压油. 液压油的清洁度越高，液压泵的使用寿命越长.

柱塞泵轴承是最重要的部件，如果轴承出现游隙，则不能保证液压泵内部三对摩擦副的正常间隙，同时也会破坏各摩擦副的静液压支承油膜厚度，降低柱塞泵轴承的使用寿命. 轴承的平均使用寿命为10000h，超过此值就需要更换. 如果没有专业检测仪器就只能目测轴承的游隙，如发现滚柱表面有划痕或变色，就必须更换. 在更换轴承时，应注意原轴承的英文字母和型号，柱塞泵轴承大都采用大载荷容量轴承，最好购买原厂家的原规格产品，如果更换另一种品牌，应请教对轴承有经验的人员查表对换，目的是保持轴承的等级精度和载荷容量.

三对摩擦副的检查与修复：(1)缸体镶装铜套可以采用更换铜套的方法修复. 首先把一组柱塞杆外径修整到统一尺寸，再用1000＃以上的砂纸抛光外径. (2)熔烧的方式结合缸体与铜套. (3)采用表面工程技术. (4)缸体孔无铜套的缸体大都是球墨铸铁的，在缸体内壁制备非晶态薄膜或者涂层.

任务三　液压系统的执行元件

知识目标

1. 熟悉液压缸的常用类型.
2. 掌握单活塞杆液压缸负载与速度的计算.
3. 掌握差动液压缸负载与速度的计算.

能力目标

掌握双活塞杆液压缸负载与速度的计算.

相关知识

一、液压缸

液压缸属于执行元件,将液体液压能转变成机械能,输出一定的力(或力矩)和速度,以驱动负载,实现工作机构往复直线运动.液压缸结构简单,配制灵活,设计、制造比较容易,使用维护方便,与杠杆、连杆、齿轮齿条、棘轮、凸轮等机构配合,可获得多种机械运动,应用广泛.

液压缸按结构形式可分为活塞式、柱塞式和摆动式三大类,按作用可分为单作用式和双作用式两种.单作用式液压缸的压力油只从缸的一侧输入,液压缸只能单方向地运动,而反方向运动(回油)需借助弹簧力、重力或其他外力;双作用式液压缸的压力油则可以从缸的两侧交替或同时输入,实现液压缸两方向的往复运动.

活塞式液压缸根据其使用要求可分为单活塞杆式和双活塞杆式两种.

(一)单活塞杆式液压缸

图 7-10 为单活塞杆式液压缸,有缸体固定和活塞杆固定两种形式,它们的工作台移动范围都是活塞有效行程的两倍,图中为缸体固定式.

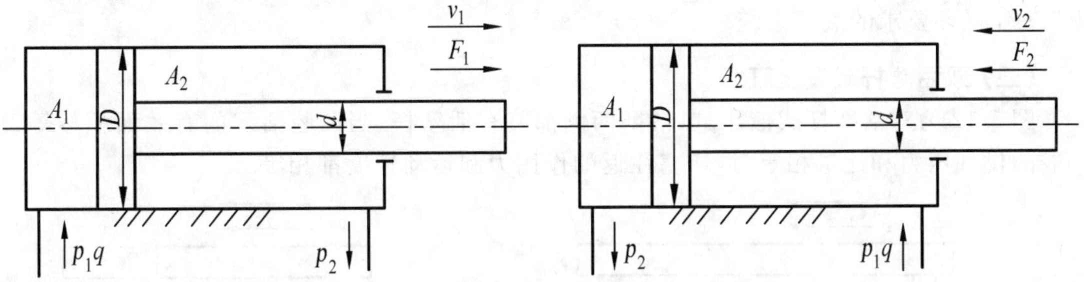

a 无杆腔进油　　b 有杆腔进油

图 7-10 单活塞杆液压缸

当无杆腔进油、有杆腔回油时

$$F_1 = p_1A_1 - p_2A_2 = \frac{\pi}{4}[(p_1 - p_2)D^2 + p_2d^2]$$

$$v_1 = \frac{q}{A_1} = \frac{4q}{\pi D^2}$$

当有杆腔进油、无杆腔回油时

$$F_2 = p_1A_2 - p_2A_1 = \frac{\pi}{4}[(p_1 - p_2)D^2 - p_1d^2]$$

$$v_2 = \frac{q}{A_2} = \frac{4q}{\pi(D^2 - d^2)}$$

由 $A_1 > A_2$ 可知,$F_1 > F_2$,$v_1 < v_2$.即无杆腔进压力油时活塞杆推力大、速度低;有杆腔进压力油时活塞杆推力小、速度高.

当液压缸左右两腔同时进入压力油时，即构成差动连接. 如图 7-11 所示，液压缸左右两腔同时进入压力油，但因为两腔的有效作用面积不等，活塞向右的推力大于向左的推力，故活塞向右运动.

差动连接时，液压缸左右两腔的油压相等，进入液压缸的流量为 $q+q'$，活塞推力为：

$$F_3 = p_1(A_1 - A_2) = \frac{\pi}{4}d^2 p_1$$

若活塞的运动速度为 v_3，则无杆腔的进油量为 $v_3 A_1$，有杆腔排油量为 $v_3 A_2$，活塞的速度 v_3 是：

$$v_3 = \frac{q}{A_1 - A_2} = \frac{4q}{\pi d^2}$$

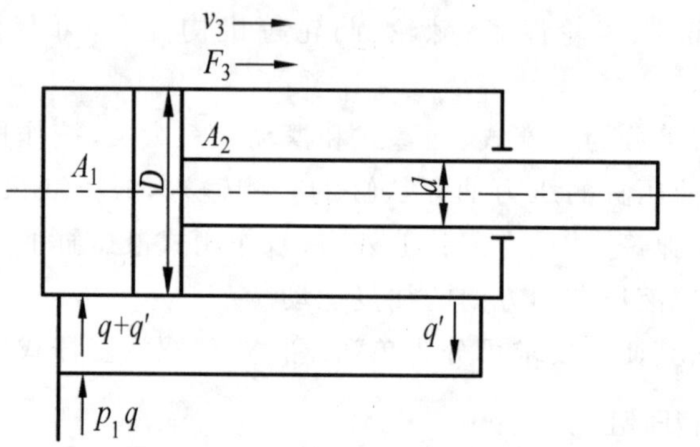

图 7-11　差动液压缸

比较 v_1 与 v_3，F_1 与 F_3 得出：$v_3 > v_1$，$F_3 < F_1$. 所以差动连接常用于有“快进、工进、快退”工作循环要求的液压系统.

(二) 双活塞杆式液压缸

图 7-12 为双活塞杆式液压缸，活塞两侧都装有活塞杆，当两腔活塞的有效面积相等，缸两腔的供油压力和流量相等时，活塞往返的作用力和运动速度都相等.

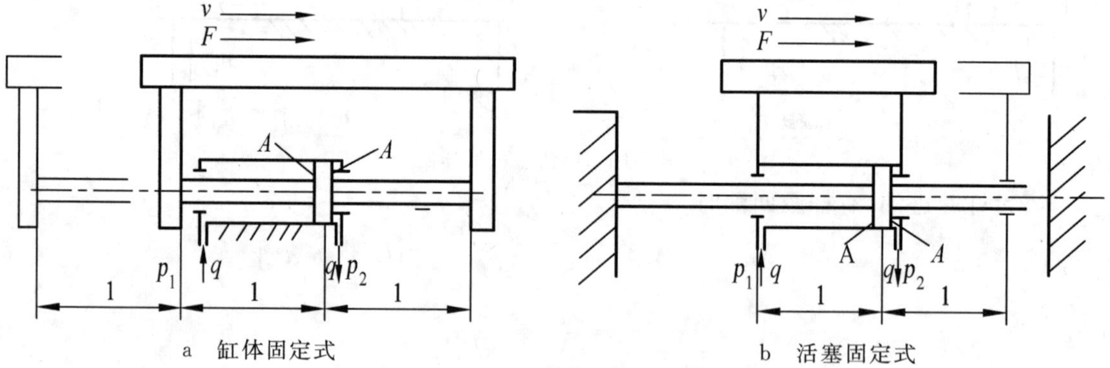

图 7-12　双活塞杆式液压缸

双活塞杆式液压缸的推力 F、运动速度 v 为：

$$F = \frac{\pi}{4}(D^2 - d^2)(p_1 - p_2)$$

$$v = \frac{4q}{\pi(D^2 - d^2)}$$

这种液压缸常用于要求往复负载和运动速度相同的场合.

课堂检测

一、填空题

1. 常见液压缸的密封形式有__________密封和__________密封.

2. 液压缸的缓冲装置是为了防止__________和__________之间的碰撞.

二、选择题

1. 柱塞泵的特点是(　　).

A. 密封性好、效率高、压力大　　B. 流量大且均匀,一般用于中压系统

C. 结构简单,对油液污染不敏感　　D. 造价较低,应用较广

2. 液压缸密封时,不属于密封圈密封特点的是(　　).

A. 摩擦阻力小　　B. 能自动补偿

C. 密封性好　　D. 结构简单

三、简答题

1. 液压缸中负载与液压缸两侧的压力有何关系?

2. 某单活塞杆液压缸活塞直径为 0.18m,活塞杆直径为 0.04m,油液输入液压缸的无杆腔,输入流量为 4.16×10^{-4} m/s,输入压力为 2.5MPa,工作压力为 1.0MPa. 试计算活塞的移动速度、有杆腔的排出流量和作用在活塞上的负载.

技能训练

对双活塞杆液压缸负载与速度的计算公式进行推导,写出推导过程.

科学小常识

防止液压缸产生冲击的措施

保持运动部件速度变化均匀或延长制动时间均可减小液压冲击力,保证运动部件平稳工作. 常用减小液压冲击的方法:尽量降低系统的启动、停止和换向频率;对于需要频繁换向的液压系统,尽可能使用带阻尼器的换向阀;在控制阀的前面设置蓄能器,减小冲击波传播的距离,从而减缓液压冲击;加大管道通径,尽量缩短管道长度或采用橡胶软管;设置安全阀,当系统压力增大时,用来降低压力冲击.

1. 当液压系统中采用调速阀节流回路时,其工进速度太小可能引起进给油缸爬行,而且启动时存在前冲现象. 这种情况下,应采用高精度调速阀控制工进速度,其最小稳定量可以满足工况要求;控制油路采用特制的小流量双作用中压叶片泵作为主动力,使系统流量脉动大幅度降低. 为防止出现爬行及前冲现象,在液压回路中,设置自调背压阀以吸收能量,例如组合钻床,可在孔钻透瞬间以进油腔压力突降为控制信号,使背压值自动升高,"液压弹簧"刚度增大,更多的能量被回油腔液压油吸收,增加了抗阻活塞冲击的能力. 另一措施是采用静压导轨,在减少滑座导轨与床身导轨间磨损的同时,使摩擦力下降特性区消失.

2. 在液压系统油缸进油口处尽量采用二位二通电液换向阀. 调节电液换向阀两端的节

流阻尼孔，使主阀芯的切换动作减慢，延长换向时间，以逐渐关闭阀口，避免因油液的惯性形成真空，从而在一定程度上消除冲击现象. 此外，液压控制采用插装阀集成系统，动作可靠，使用寿命长，液压冲击小，而且减少了连接管路与泄漏点.

3. 液压活塞在行程的中间位置突然被制动、减速或停止时产生的液压冲击的防止方法：在液压缸的入口及出口处设置反应快、灵敏度高的小型安全阀；采用动态特性好(如动态调量小)的压力控制阀；减小驱动能，即在达到所需驱动力的情况下尽可能地减小系统的工作压力；在带有背压阀的系统中，适当地提高背压阀的工作压力；在立式动力头或立式液压机拖板快速下降的液压控制回路中，应设置平衡阀或背压阀；采用双速转换；在发生液压冲击的附近处安装皮囊式波纹形的蓄能器；采用橡胶软管，以吸收液压冲击的能量；防止和排除液压系统中的空气. 另外，可在液压缸中设置缓冲装置，以防止液压缸活塞在行程终端停止或反向时引起液压冲击.

4. 对于全液压换向回路，油缸的优化设计和采用集流阀组均可显著减小液压冲击值，同时通过采用液压伺服方式换向，不但使系统的液压冲击值较同类设备减少，而且提高了整机的可靠性.

任务四　液压控制元件

知识目标

1. 熟悉液压控制阀常见类型.
2. 认识各种液压控制阀的图形符号.

能力目标

通过液压控制阀的图形符号理解其工作原理.

相关知识

一、液压控制阀

液压控制阀是液压系统中控制液体流动方向、压力和流量的液压元件. 它可分为方向阀、压力阀和流量阀三大类. 方向阀利用流通通道的更换控制油液的流动方向，而压力阀和流量阀则利用通流截面的节流作用控制系统的压力和流量. 在结构上，所有的阀都由阀体、阀芯(转阀或滑阀)和驱使阀芯动作的元部件(如弹簧、电磁铁)组成. 在工作原理上，所有阀的开口大小，阀进、出口间的压差以及流过阀的流量之间的关系都符合孔口流量公式，仅各种阀控制的参数各不相同而已.

液压系统中所有的液压阀，应满足动作灵敏，使用可靠，工作时冲击和振动小，油液流过的压力损失小，密封性能好，结构紧凑，安装、调整、使用、维护方便以及通用性大等要求.

(一) 单向阀

液压系统中常见的单向阀有普通单向阀和液控单向阀两种.

1.普通单向阀

普通单向阀使油液只能沿一个方向流动,不许它反向倒流.图 7-13a 是一种管式普通单向阀的结构.压力油从阀体左端的通口 P_1 流入时,克服弹簧 3 作用在阀芯 2 上的力,使阀芯向右移动打开阀口,压力油通过阀芯 2 上的径向孔 a、轴向孔 b 从阀体右端的通口流出.但是压力油从阀体右端的通口 P_2 流出时,它和弹簧力一起使阀芯锥面压紧在阀座上,阀口关闭,油液无法通过.图 7-13b 是单向阀的职能符号图.

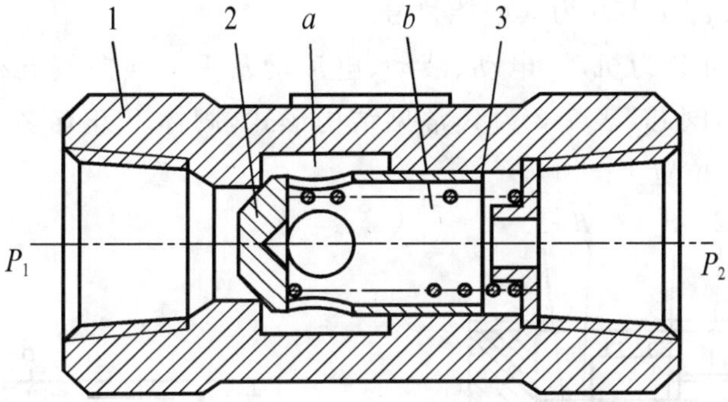

a 结构图

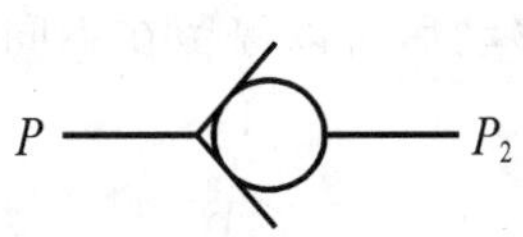

b 职能符号图

1—阀体 2—阀芯 3—弹簧

图 7-13 单向阀

2.液控单向阀

图 7-14a 是液控单向阀的结构.当控制口 K 处无压力油进入时,它的工作机制和普通单向阀一样.当控制口 K 有压力油时,活塞 1 右移,推动顶杆 2 顶开阀芯 3,通口 P_1 和 P_2 接通,油液就可在两个方向自由通流.图 7-14b 是液控单向阀的职能符号.

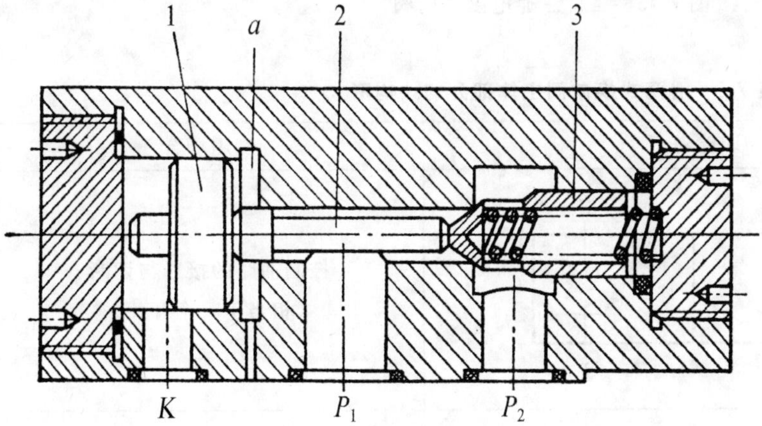

a 结构图

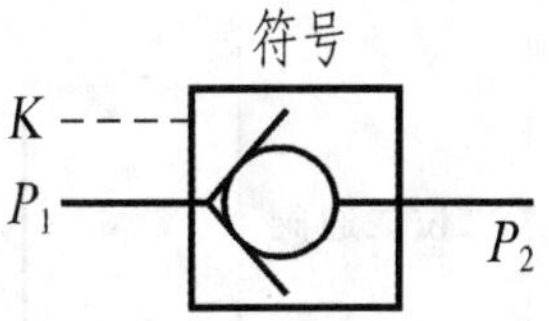

b 职能符号图

1—活塞 2—顶杆 3—阀芯

图 7-14 液控单向阀

(二) 换向阀

换向阀借助于阀芯、阀体间的相对移动,控制油路通断,变换油液的流动方向,从而使液压执行元件启动、停止或变换运动方向. 换向阀应满足的要求:油液流经换向阀时的压力损失小,互不相通的油口间的密封性好,换向平稳、迅速可靠,冲击小.

1. 滑阀的“位”与“通”

滑阀的“位”是指阀芯的工作位置数,代表阀的一种工作状态,分为二位、三位、四位等;滑阀的“通”是指滑阀与液压系统连接的油路数. 常用的换向阀有二位二通、二位三通、二位四通、二位五通、三位四通、三位五通等.

图 7-15a 为二位三通交流电磁换向阀结构图. 在图示位置,油口 P 和 A 相通,油口 B 断开;当电磁铁通电吸合时,推杆 1 将阀芯 2 推向右端,这时油口 P 和 A 断开,而与 B 相通;当磁铁断电时,弹簧 3 推动阀芯复位. 图 7-15b 为其职能符号.

根据阀芯的操作方式,换向阀可分为机动、电动、液动、电液动及手动换向阀五种. 滑阀式换向阀的结构主体是阀体和滑动阀芯,表 7-2 为其常见结构形式,阀体上开有多个通口,阀芯移动后可以停留在不同的工作位置上.

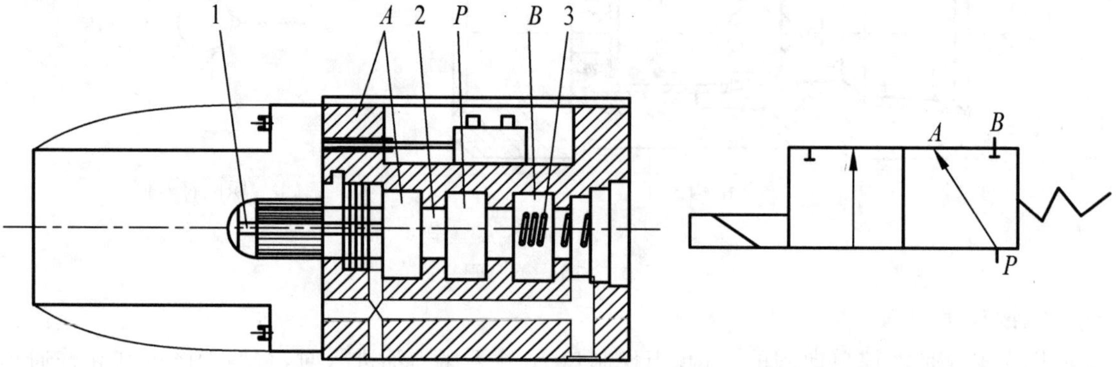

a 结构图　　b 职能符号图

1—推杆　2—阀芯　3—弹簧

图 7-15 二位三通电磁换向阀

表 7-2 滑阀式换向阀主体部分的结构形式

名称	职能符号	使用场合
二位二通阀	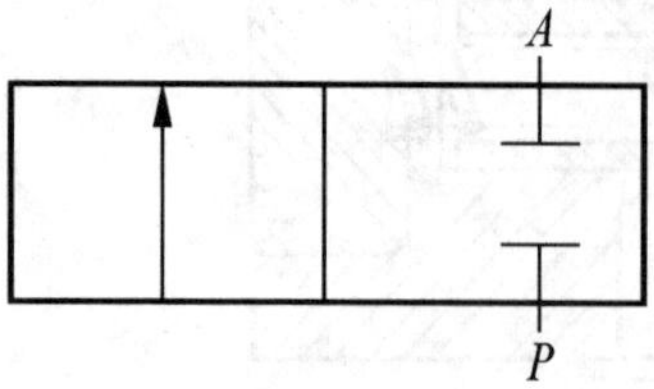	控制油路的接通与切断 (相当于一个开关)
二位三通阀	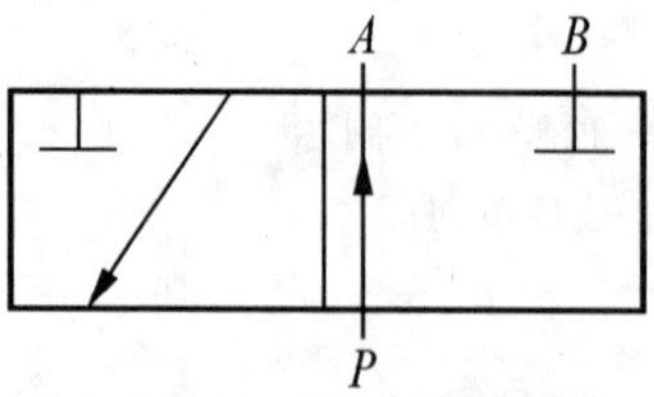	控制液流方向 (由一个方向变换成另一个方向)

名称	职能符号	使用场合		
二位四通阀	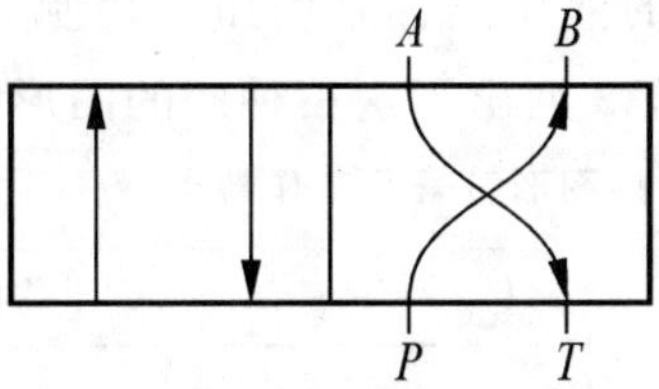	控制执行元件换向	不能使执行元件在任意位置上停止运动	执行元件正反方向运动时回油方式相同
三位四通阀	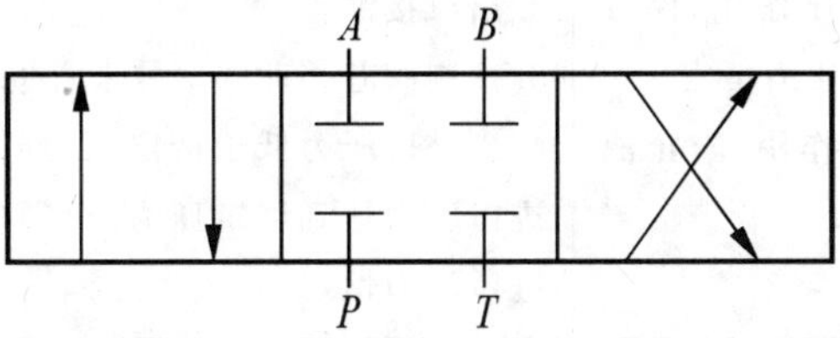		能使执行元件在任意位置上停止运动	
二位五通阀	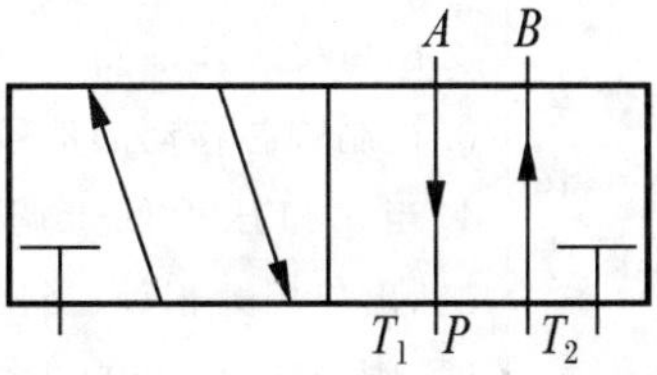		不能使执行元件在任意位置上停止运动	执行元件正反方向运动时可以得到不同的回油方式
三位五通阀	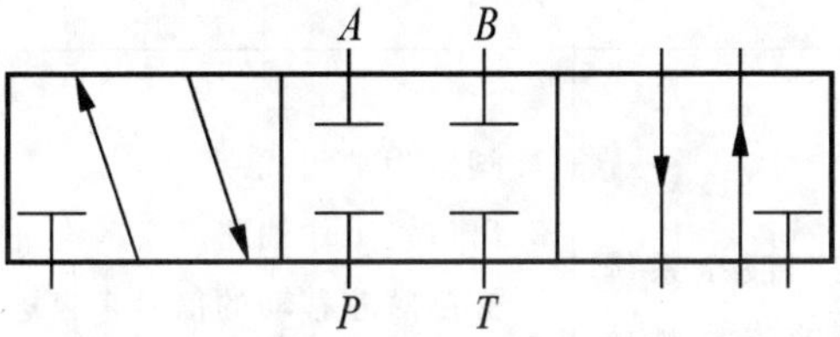		能使执行元件在任意位置上停止运动	

2.滑阀的机能

三位换向阀的阀芯在中间位置时，各通口间有不同的连通方式，可满足不同的使用要求，这种连通方式称为换向阀的中位机能. 不同的中位机能可通过改变阀芯的形状和尺寸获得，从而实现不同的控制和满足不同的使用要求.

在分析和选择阀的中位机能时，通常考虑以下几点：

(1)系统保压. 当 P 口被堵塞，系统保压，液压泵能用于多缸系统. 当 P 口不太通畅地与 T 口接通时(如 X 型)，系统能保持一定的压力供控制油路使用.

(2)系统卸荷. P 口通畅地与 T 口接通时，系统卸载.

(3)启动平稳性. 阀在中位时，液压缸某腔(如通油箱)因无油液起缓冲作用，会造成启动不太平稳.

(4)液压缸“浮动”和在任意位置上的停止. 阀在中位，当 A、B 两口互通时，卧式液压缸呈“浮动”状态，可利用其他机构移动工作台，调整其位置；当 A、B 两口堵塞或与 P 口连接时(在非差动情况下)，则可使液压缸在任意位置处停下来. 三位五通换向阀的机能与上述相仿.

(三) 压力控制阀

在液压传动系统中，控制油液压力高低的液压阀称之为压力控制阀，简称压力阀. 压力控制阀主要包括溢流阀、减压阀、顺序阀，表 7-3 列出了这三种阀的图形符号及工作特点.

表 7-3　压力控制阀的图形符号及工作特点

图形符号	主要作用	工作特点
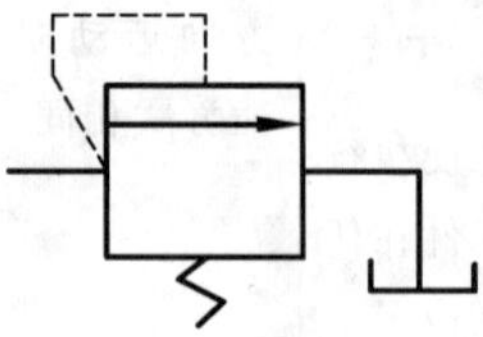 溢流阀	1. 溢流和稳压作用，保持液压系统的压力恒定. 2. 限压保护作用，防止液压系统过载.	1. 阀口为常闭式. 2. 出口接油箱. 3. 控制阀芯移动的信号来自进口的压力. 4. 当进口压力低于调定压力时，阀口关闭；当进口压力达到调定压力时，阀口打开，并保持进口压力恒定.
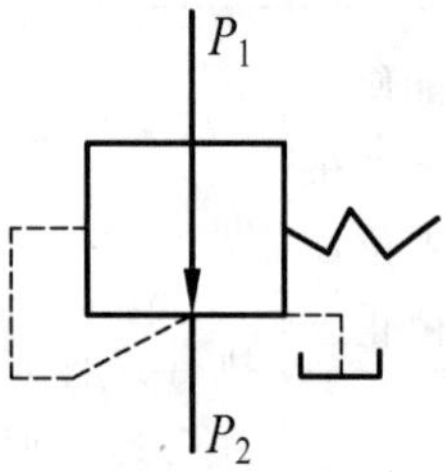 减压阀	降低液压系统某一分支油路的压力，使其低于液压泵的供油压力，并保持恒定.	1. 阀口为常开式. 2. 出口接工作油路. 3. 控制阀芯移动的信号来自出口的压力. 4. 当出口压力低于调定压力时，阀口打开，进、出口压力相等；当出口压力达到调定压力时，阀口变小，出口压力低于进口压力，并保持恒定.
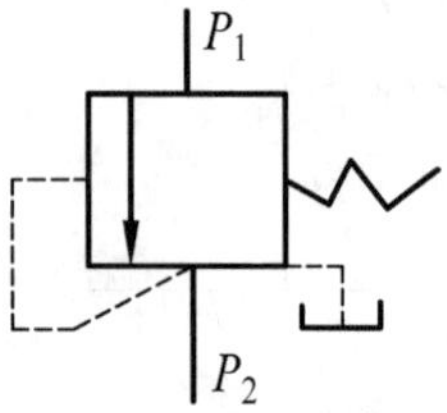 顺序阀	主要用于控制液压系统各执行元件的先后顺序动作.	1. 阀口为常闭式. 2. 出口接工作油路. 3. 控制阀芯移动的信号来自进口的压力. 4. 当进口压力低于调定压力时，阀口关闭；当进口压力达到调定压力时，阀口打开，且出口压力取决于负载.
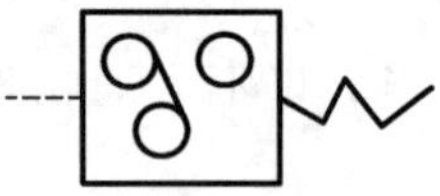 压力继电器	根据液压系统压力的变化，通过内部的微动开关自动接通或断开有关电路，以实现自动控制或安全保护.	压力继电器是一种将压力信号转换为电信号的转换元件. 当系统压力达到压力继电器的调定值时，发出电信号，电气元件(如电磁铁、电机、时间继电器、电磁离合器等)工作，使油路卸压、换向，执行元件实现顺序工作，或关闭电动机使系统停止工作，起安全保护作用等.

(四) 流量控制阀

液压系统中执行元件运动速度的大小，由输入执行元件的油液流量的大小来确定. 流量控制阀就是依靠改变阀口流通面积(节流口局部阻力)的大小或流通通道的长短来控制流量的液压阀. 常用的流量控制阀有节流阀和调速阀，表 7-4 列出了这两种阀的图形符号及工作特点.

表 7-4 流量控制阀的图形符号及工作特点

名称及图形符号	工作特点
 节流阀	通过节流阀的流量负载和温度变化的影响调节执行元件的速度，但是速度将随负载和温度的变化而波动，因而速度的稳定性较差.
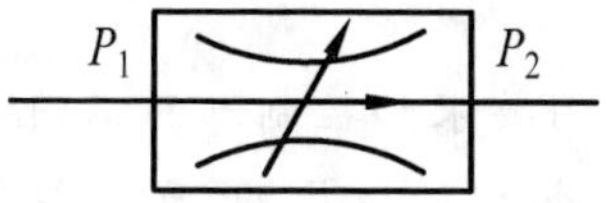 调速阀	由一个定差减压阀和一个节流阀串联组合而成，定差减压阀用来保证节流阀前后的压力差不受负载变化的影响，从而保证通过节流阀的流量稳定，速度的稳定性好.

课堂检测

一、填空题

1. 方向控制阀是控制__________的阀.

2. 换向阀是利用__________相对__________的运动，使油路断或者通，从而使元件实现启动、停止或变化运动方向.

3. 溢流阀的作用是维持__________，限定__________.

4. 直动式溢流阀用于__________压系统，先导式溢流阀常用于__________、__________压系统或远程控制系统.

5. 顺序阀的主要作用是两个以上的执行元件按__________实现顺序工作.

6. 流量控制阀是利用改变__________的大小来控制系统的流量，从而控制执行元件运动速度的阀.

7. 节流阀与__________、__________共同组成节流调速系统.

8. 调速阀是由__________阀和__________阀串联而成的.

二、选择题

1. 液压传动系统中常用的方向控制阀是(　　).

A. 节流阀　　B. 顺序阀　　C. 溢流阀　　D. 换向阀

2. 液压系统中常用的压力控制阀是(　　).

A. 节流阀　　B. 单向阀　　C. 溢流阀　　D. 换向阀

3. 流量控制阀用来控制执行元件的(　　).

A. 运动方向　　B. 运动速度　　C. 压力大小　　D. 运动平稳性

4. 高压液压系统应当选用(　　).

A. 橡胶软管　　B. 尼龙管　　C. 无缝钢管　　D. 焊接钢管

三、简答题

1. 液压控制阀主要有哪几类？常用的阀有哪些？

2. 换向阀有哪几种控制方式？画出它们的图形符号.

3. 从图形符号上比较溢流阀、减压阀、顺序阀的阀芯移动控制信号、阀口的开启压力等.

技能训练

用液压控制阀的图形符号绘出每种液压控制阀的工作原理图.

科学小常识

液压控制阀VS气动控制阀

能源:气动元件和装置可采用空压站集中供气的方法,根据使用要求和控制点的不同来调节各自减压阀的工作压力.液压阀设有回油管路,便于油箱收集用过的液压油.气动控制阀可以通过排气口直接把压缩空气排向大气.

泄漏要求:液压阀对向外的泄漏要求严格,液压管道的泄漏将造成系统压力的下降和对环境的污染;允许液压元件内部的少量泄漏.除间隙密封的阀外,气动阀原则上不允许内部泄漏,而允许气动管道有少许向外泄漏.

润滑要求:液压系统的工作介质为液压油,无润滑要求;气动系统的工作介质为空气,需要油雾润滑.阀的零件应选择不易受水腐蚀的材料,或者采取必要的防锈措施.

压力范围:气动阀的工作压力范围比液压阀低.气动阀的工作压力通常在1MPa以内,少数可达到4MPa以上.液压阀的工作压力通常在50Mpa以内.

应用特点:气动阀比液压阀结构紧凑、重量轻,易于集成安装,阀的工作频率高、使用寿命长.气动阀正向低功率、小型化方向发展,已出现功率只有0.5W的电磁阀.气动阀适用于气动工业机械手、复杂的生产制造装配线等场合.

任务五　液压回路

知识目标

1. 熟悉液压基本回路的概念及分类.
2. 掌握各种液压基本回路的工作原理及作用.

能力目标

正确认识液压基本回路的核心组成元件.

相关知识

液压技术在工程技术中依照不同的使用场合有不同的组成形式,但不论实际液压系统有多么复杂,它总是由一些基本回路组成.

液压基本回路是指由一些液压元件与液压辅助元件按照一定关系组合,能够实现某种特定液压功能的典型油路.例如用来控制系统中液体压力的调压回路;用来调节执行元件运动速度的调速回路;用来改变执行元件运动方向的换向回路等.本章介绍压力控制回路的相关知识.

压力控制回路是利用压力控制阀来控制或调节整个液压系统或局部油路上的工作压力，以满足液压系统各执行元件对工作压力的不同要求.压力控制回路主要有调压回路、减压回路、卸荷回路、平衡回路、保压回路等.

(一) 调压回路

调压回路的功用是使液压系统整体或某一部分的压力保持恒定或不超过某一数值.该功能一般由溢流阀来实现.溢流阀处于溢流状态，其进口的压力保持不变，如果溢流阀并联连接在液压泵的出口，液压泵出口压力保持不变.

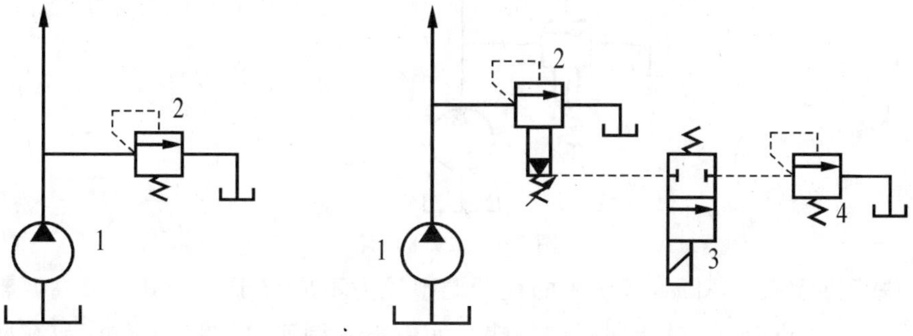

图 7-16 调压回路

1.单级调压回路

如图 7-16a，液压泵 1 和溢流阀 2 并联连接，当系统工作压力上升到溢流阀的调定压力时，溢流阀开始溢流，系统(液压泵)就在溢流阀的调定压力下工作，从而实现了对液压系统的调压和稳压控制；当系统工作压力低于溢流阀的调定压力时，溢流阀关闭，此时液压系统压力取决于负载.如果将液压泵 1 改换为变量泵，这时溢流阀将作为安全阀来使用，液压泵的工作压力低于溢流阀的调定压力，溢流阀不工作；当系统出现故障，液压泵的工作压力上升时，一旦压力达到溢流阀的调定压力，溢流阀将开启，将液压泵的工作压力限制在溢流阀的调定压力下，使液压系统不致因压力过载而受到破坏，从而保护了液压系统.

2.二级调压回路

图 7-16b 为二级调压回路，该回路可实现两种不同的系统压力控制，由先导型溢流阀 2 和直动式溢流阀 4 各调一级.当二位二通电磁阀 3 处于图示位置时系统压力由阀 2 调定，当阀 3 通电后处于连通位置时系统压力由阀 4 调定.注意：阀 4 的调定压力一定要小于阀 2 的调定压力，否则不能实现二级调压.当系统压力由阀 4 调定时，先导型溢流阀 2 的先导阀口关闭，但主阀开启，液压泵的溢流流量经主阀流回油箱，这时阀 4 处于工作状态，并有油液通过.若将阀 3 与阀 4 对换位置，仍可进行二级调压，并且能在二级压力转换点上获得比图 7-16b 所示回路更为稳定的压力转换.

(二) 减压回路

减压回路的作用是使系统中的某一部分油路或某个执行元件获得比系统压力低的稳定压力.当泵的输出压力是高压而局部回路或执行元件要求低压时，可以采用减压回路，如机床液压系统中的定位、夹紧、回路分度以及液压元件的控制油路等.减压回路一般是在所需低压的支路上串联连接减压阀.采用减压回路虽能方便地获得某支路稳定的低压，但压力油经减压阀口时要产生压力损失.

最常见的减压回路为通过定值减压阀与主油路相连，如图 7-17 所示. 回路中的单向阀在主油路压力降低(低于减压阀调整压力)时防止油液倒流，起短时保压作用. 减压回路中也可以采用类似两级或多级调压的方法获得两级或多级减压. 注意：阀 2 的调定压力值一定要低于阀 1 的调定减压值.

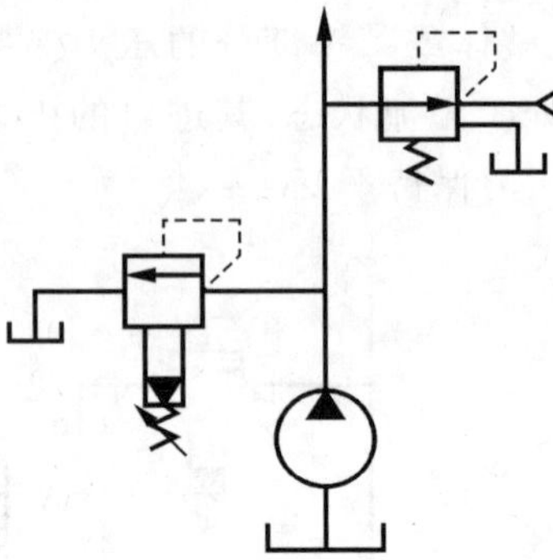

图 7-17　减压回路

为了使减压回路工作可靠，减压阀的最低调整压力不应小于 0.5MPa，最高调整压力至少应比系统压力小 0.5MPa. 当减压回路中的执行元件需要调速时，调速元件应放在减压阀的后面，以避免减压阀泄漏(指由减压阀泄油口流回油箱的油液)对执行元件的速度产生影响.

(三) 增压回路

如果液压系统的某一支路需要压力较高但流量又很小的压力油，且不适合采用高压泵时，通常采用增压回路. 增压回路中提高压力的主要元件是增压缸或增压器.

1. 单作用增压缸的增压回路

图 7-18a 中，当系统在图示位置工作时，供油压力为 p_1 的液压油进入增压缸的大活塞腔，此时小活塞腔即可得到所需的较高压力 p_2；当二位四通电磁换向阀右位接入系统时，增压缸活塞反向，辅助油箱中的油液经单向阀补入小活塞. 该回路只能间歇增压，所以称之为单作用增压回路.

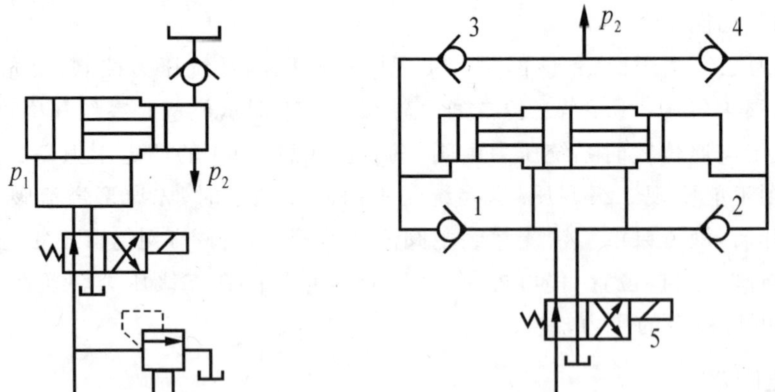

a　单作用增压回路　　　　b　双作用增压回路

1,2,3,4—单向阀　5—二位四通电磁阀

图 7-18　增压回路

2. 双作用增压缸的增压回路

图 7-18b 中，液压泵输出的压力油经换向阀 5 和单向阀 1 进入增压缸左端的大、小活塞腔，右端大活塞腔的油流回油箱，右端小活塞腔增压后的高压油经单向阀 4 输出，此时单向阀 2、3 被关闭；当换向阀通电换向，增压缸活塞向左移动，左端小活塞腔输出的高压油经单向阀 3 输出. 增压缸的活塞不断往复运动，两端便交替输出高压油，从而实现了连续增压.

(四) 保压回路

在液压系统中，常要求液压执行机构在一定的行程位置上停止运动或在有微小的位移时稳定地维持一定的压力，这就要采用保压回路.

1. 利用液压泵的保压回路

在保压过程中，液压泵仍以较高的压力(保压所需压力)工作，此时，若采用定量泵则压力油几乎全经溢流阀流回油箱，系统功率损失大，易发热，故只在小功率的系统且保压时间较短的场合下才使用；若采用变量泵，在保压时泵的压力较高，但输出流量几乎等于零，液压系统的功率损失小，这种保压方法能随泄漏量的变化而自动调整输出流量，因而其效率也较高.

2. 利用蓄能器的保压回路

图 7-19a 中，当主换向阀在左位工作时，液压缸向前运动压紧工件，进油路压力升高至调定值，压力继电器动作使二位四通阀通电换向，泵即卸荷，单向阀自动关闭，液压缸则由蓄能器保压. 缸压不足时，压力继电器复位使泵重新工作. 保压时间的长短取决于蓄能器容量的大小，调节压力继电器的工作区间即可调节缸中压力的最大值和最小值. 图 7-19b 所示为多缸系统中的保压回路，当主油路压力降低时单向阀 3 关闭，支路由蓄能器保压补偿泄漏，压力继电器 5 的作用是当支路压力达到预定值时发出信号，使主油路开始工作.

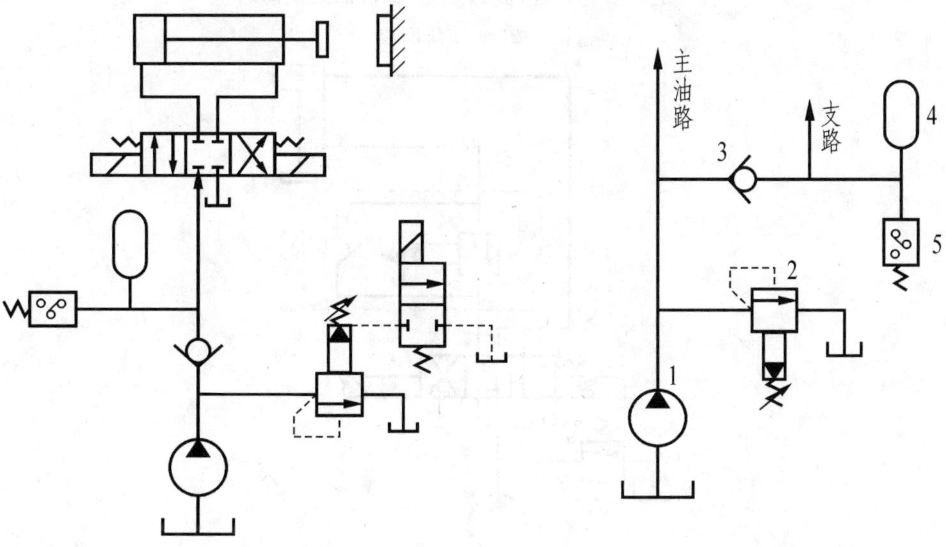

1—定量泵　2—溢流阀　3—单向阀　4—蓄能器　5—压力继电器

图 7-19　利用蓄能器的保压回路

（五）卸荷回路

很多情况下，需要执行元件短时间停止工作. 此时，可以通过卸荷回路使液压泵卸荷，即在液压泵驱动电动机不关闭，而液压泵功率输出接近于零的情况下运转，以减少功率损耗，降低系统发热，延长泵和电动机的寿命. 液压泵的卸荷有流量卸荷和压力卸荷两种. 前者主要是使变量泵仅为补偿泄漏而以最小流量运转，此方法比较简单，但泵仍处在高压状态下运行，磨损比较严重；压力卸荷的方法使泵在接近零压状态下运转.

常见的压力卸荷方式有以下两种：

1. 利用换向阀的中位机能实现卸荷

M、H 和 K 型中位机能的三位换向阀处于中位时，泵即卸荷. 图 7-20a 所示为采用 M 型中位机能的电液换向阀的卸荷回路. 这种回路切换时压力冲击小，但回路中必须设置单向阀，以使系统能保持 0.3MPa 左右的压力.

2. 利用先导式溢流阀的远程控制口卸荷

如图 7-20b，这种卸荷回路卸荷压力小，切换时冲击也小.

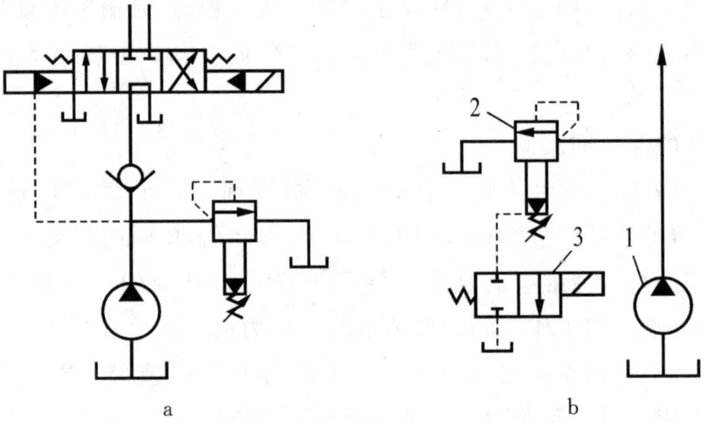

1—定量泵　2—溢流阀　3—二位二通换向阀

图 7-20　卸荷回路

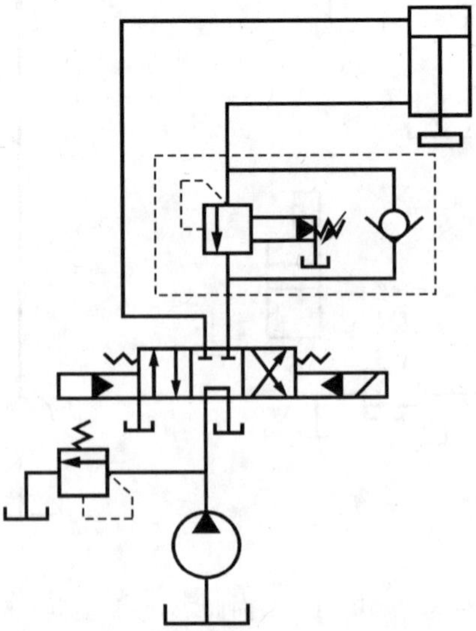

图 7-21　采用顺序阀的平衡回路

（六）平衡回路

平衡回路的功用在于防止垂直或倾斜放置的液压缸和与之相连的工作部件因自重而自行下落．图 7-21 所示为单向顺序阀的平衡回路，当换向阀处于左位，工作活塞下行时，回油路上存在着一定的背压，调节背压，使之能支承住活塞和与之相连的工作部件，活塞就可以平稳地下落；当换向阀处于中位时，活塞就停止运动，不再继续下移．此回路当活塞向下快速运动时功率损失增大，锁住时活塞和与之相连的工作部件会因单向顺序阀和换向阀的泄漏而缓慢下落．因此，它只适用于工作部件重量不大、活塞锁住时定位要求不高的场合．

课堂检测

一、填空题

1．液压基本回路是指由一些__________与__________按照一定关系组合，能够实现某种特定__________的典型油路．

2．压力控制回路是利用__________来控制或调节整个液压系统或局部油路上的工作压力，以满足液压系统各执行元件对工作压力的不同要求．

3．在液压系统中，常要求液压执行机构在一定的行程位置上停止或在有微小的位移下稳定地维持__________，这就要采用保压回路．

二、选择题

1．__________的功用是使液压系统整体或某一部分的压力保持恒定或不超过某一数值。

A．减压回路　　B．增压回路　　C．保压回路　　D．调压回路

2．一级或多级调压回路的核心控制元件是__________．

A．溢流阀　　B．减压阀　　C．压力继电器　　D．顺序阀

3．如某元件须得到比主系统油压高得多的压力时，可采用__________．

A．压力调定回路　　B．多级压力回路　　C．减压回路　　D．增压回路

二、简答题

1．液压基本回路有哪几种？

2．保压回路有何特点？举例说明其应用。

技能训练

认识液压基本回路，绘制液压系统的油液流动线路图．

科学小常识

降低液压回路功率损失的方法

液压系统的功率损失一方面会造成能量上的损失，使系统的总效率下降；另一方面，损失掉的这一部分能量将会转变成热能，使液压油的温度升高，油液变质，导致液压设备出现故障．因此，设计液压系统时，在满足使用要求的前提下，还应充分考虑降低系统的功率损失．

第一，从动力源——泵的方面来考虑，执行元件工作状况多样化，有时系统需要大流量低压力，有时又需要小流量高压力．此时应选择限压式变量泵，其流量会随系统压力的变化而变化．当系统压力降低时流量较大，满足执行元件的快速行程；当系统压力提高时流量相应减小，满足执行元件的工作行程．

第二，如果执行元件具有调速的要求，那么在选择调速回路时，既要满足调速的要求，又要尽量减少功率损失．常见的调速回路有节流调速回路、容积调速回路、容积节流调速回路．节流调速回路的功率损失大，低速稳定性好；容积调速回路无溢流和节流损失，但低速稳定性差．如果要同时满足两方面的要求，可采用由差压式变量泵和节流阀组成的容积节流调速回路，并使节流阀两端的压力差尽量小，以减小压力损失．

第三，液压油流经各类液压阀时不可避免地存在较大的压力损失和流量损失．因此，合理选择液压阀并调整压力阀的压力也是降低功率损失的一个重要方面．流量阀按系统中流量调节范围选取并保证其最小稳定流量能满足使用要求．压力阀的压力在满足液压设备正常工作的情况下，应尽量取较低的压力．

第四，合理选择液压油．液压油在管路中流动时，将呈现出黏性．黏度过高时会产生较大的内摩擦力，造成油液发热，同时增加油液流动时的阻力；黏度过低时易造成泄漏，降低系统容积效率．因此，一般选择黏度适宜且黏温特性比较好的油液．另外，当油液在管路中流动时，还存在着沿程压力损失和局部压力损失，因此设计管路时应尽量缩短管道，同时减少弯管．

任务六　气压传动

知识目标

了解气压传动的工作原理

能力目标

熟悉气压传动系统的基本组成

相关知识

一、气压传动简介

(一) 气压传动的原理

气压传动的组成及原理与液压传动类似，不同的是气压传动的工作介质为气体，即气压传动是以压缩气体为工作介质进行能量传递的一种传动方式.(图 7-24)

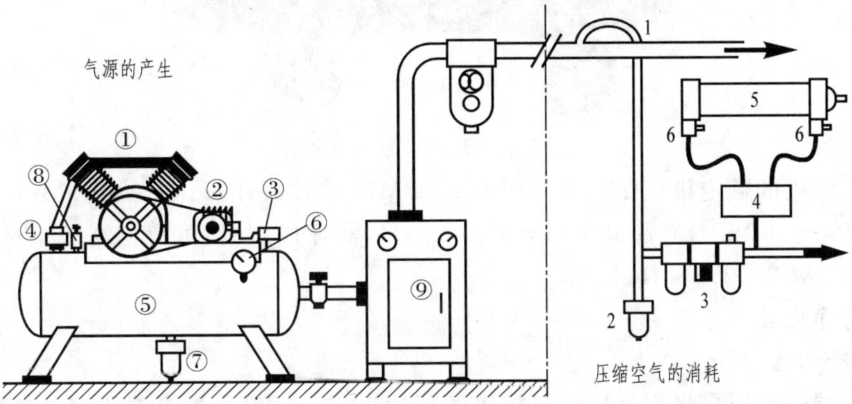

①压缩机 ②电动机 ③压力开关 ④单向阀 ⑤储气罐
⑥压力表 ⑦自动排水器 ⑧安全阀 ⑨冷冻式空气干燥器 ⑩主管道过渡器
1—压缩空气的分支输出管路 2—自动排水器 3—空气处理组件
4—方向控制阀 5—执行元件 6—速度控制阀

图 7-24 基本气压系统结构图

(二) 气源装置

驱动各种气动设备进行工作的动力是由气源装置提供的.气源装置的主体是空气压缩机.由于空气压缩机产生的压缩空气所含的杂质较多，不能直接为气动设备所用，因此，气源装置还包括气源净化装置.

1.空气压缩机

空气压缩机是气源装置的主体，将原动机(通常是电动机)的机械能转换为气体压力能，是压缩空气的气压发生装置.

空气压缩机的种类很多，按工作原理可分为容积式压缩机、往复式压缩机、离心式压缩机.容积式压缩机压缩气体的体积，使单位体积内气体分子的密度增加，从而提高压缩空气的压力；离心式压缩机提高气体分子的运动速度，使气体分子具有的动能转化为气体的压力能，从而提高压缩空气的压力；往复式压缩机(也称活塞压缩机)直接压缩气体，当气体达到一定压力后排出.

现在常用的空气压缩机有活塞式空气压缩机(图 7-25)、螺杆式空气压缩机(螺杆式空气压缩机又分为双螺杆式空气压缩机和单螺杆式空气压缩机)、离心式空气压缩机、滑块式空气压缩机以及涡旋式空气压缩机.

图 7-25　活塞式空气压缩机

空气压缩机的额定排气压力分为低压(0.7MPa～1.0MPa)、中压(1.0MPa～10MPa)、高压(10MPa～100MPa)和超高压(100MPa 以上),实际应用时,可根据需求来选择.常用压力一般为 0.7MPa～1.25MPa.

2.气源净化装置

(1)后冷却器

后冷却器的作用是将空气压缩机排出的高达 200℃～250℃的高温压缩空气降至环境温度,使压缩空气中大部分的油雾和水迅速达到饱和而析出并凝结成油滴和水滴,以便经除油器排出.(图 7-26)

(2)除油器(油水分离器)

除油器的作用是分离并排除压缩空气中凝结的水分、油和灰尘等杂质.其原理是当含有大量油和水等杂质的压缩空气进入分离器后,沿其内壁旋下而产生离心作用,在此作用下,油和水从气流中析出并沿其内壁向下流到油水分离器底部,然后再由滤芯进行精过滤.(图 7-27)

3.贮气罐

贮气罐是气源装置中不可缺少的组成部分,其主要作用是储存压缩空气,保证输出气流的连续性和平稳性,以备发生故障或临时需要时应急使用,同时还能进一步分离油和水等杂质.(图 7-28)

图 7-26　后冷却器

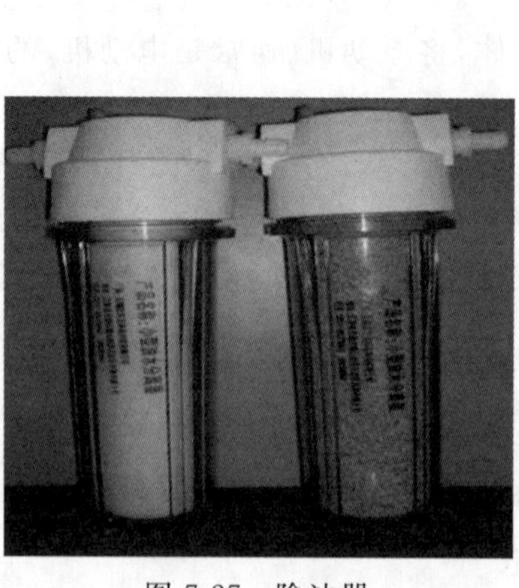

图 7-27　除油器

图 7-28　贮气罐

(三) 气动三大件(气动三联件)

气压传动系统中,气动三大件是指空气过滤器、减压阀和油雾器,三大件通过无管连接而成的组件称为气动三联件(图 7-29).三大件是多数气动系统中不可缺少的气动元件,安装在用气设备近处,是压缩空气质量的最后保证.三大件的安装顺序按照空气通过方向分别为空气过滤器、减压阀和油雾器.空气过滤器和减压阀组合在一起称为气动二联件.空气过滤器和减压阀集装在一起时称为过滤阀(功能与空气过滤和减压阀结合起来使用时一样).当不允许压缩空气中存在油雾时,则需要使用油雾器将压缩空气中的油雾过滤掉.总之,这几个元件可以根据需要进行选择,还可以将它们组合起来使用.

图 7-29　气动三联件

空气过滤器用于对气源的清洁,可过滤压缩空气中的水分,避免水分随气体进入装置.

减压阀可对气源进行稳压,使气源处于恒定状态,可减小因气源气压突变时对阀门或执行元件等硬件造成的损伤.

油雾器可对机体运动部件和不方便加润滑油的部件进行润滑,大大延长机体的使用寿命.

二、气压传动的优缺点

(一) 气压传动的优点

1.主要的工作介质为空气,比较容易获得.用后的空气可直接排到大气中,处理方便,不必设置回收的装置和管道.

2.因空气的黏度很小(约为液压油动力黏度的万分之一),其损失也很小,所以便于集中供气、远距离输送,外泄漏也不会像液压传动那样严重污染环境.

3.与液压传动相比,气压传动动作迅速、反应快、维护简单,不存在介质变质等问题.

4.工作环境适应性好,特别是在易燃、易爆、多尘埃、强磁、辐射、振动等恶劣工作环境中,气压传动比液压、电子、电气控制优越.

5.成本低,过载能自动保护.

(二) 气压传动的缺点

1.由于空气具有可压缩性,因此工作速度稳定性稍差,但采用气液联动装置会得到较满意的效果.

2.因工作压力低(一般为 0.31MPa),所以结构尺寸不宜过大,总输出不宜大于 10kN～40kN.

3.噪音较大,在高速排气时要加消声器.

4.气动装置中,气信号的传递速度在声速以内,比电子和光的速度慢,因此,气动控制系统不宜用于元件级数过多的复杂回路.

课堂检测

一、填空题

1. 气压传动的工作原理是利用________使气体介质产生________，并在可控制元件的控制下，把气体________传输给执行元件，从而使执行元件完成直线运动或旋转运动.

2. 空气压缩机将________能转变成气体的________能，而气缸又将这些能量转变为工作机构运动的________能.

3. 空气过滤器的作用是分离压缩空气中含有的________、________以及________等杂质，使压缩空气得到净化.

4. 在气压传动系统中，________、________和________一起称为气动三联件，它们的安装顺序应当是压缩空气经________至________，再经________输出.

二、选择题

1. 属于气压系统执行元件的是（　　）.

A. 电动机　　B. 空气压缩机　　C. 气缸　　D. 行程阀

2. 气压传动与机械传动、电气传动比较，不属于其优点的是（　　）.

A. 工作稳定性好　　B. 反应快，维护简单

C. 有过载保护　　D. 允许工作温度范围宽

3. 中压型空气压缩机的压力范围是（　　）.

A. 0.2MPa～1MPa　　B. 1MPa～10MPa　　C. 10MPa～100MPa　　D. 大于 100MPa

4. 不能分离空气压缩机中水分的元件是（　　）.

A. 贮气罐　　B. 后冷却器　　C. 空气过滤器　　D. 油雾器

技能训练

1. 拆装气源装置，正确认识气源装置各个元件，了解每个元件的作用.

2. 通过实践熟练掌握气动三联件的组成及其作用.

科学小常识

气动技术的应用领域

在日常工作和生活中我们经常见到各种机器，如汽车、电梯、机床等，这些机器通常都是由原动机、传动装置和工作机构三部分组成. 其中传动装置最常见的类型有机械传动、电力传动和流体传动. 流体传动以受压的流体为工作介质对能量进行转换、传递、控制和分配，分为气压传动、液压传动和液力传动.

气压传动技术简称"气动技术"，是一门涉及压缩空气流动规律的科学技术. 气动技术不仅用于做功，还应用于检测和数据处理. 传感器、过程控制器和执行元件的发展导致气动控制系统的产生. 近年来，随着电子技术、计算机与通信技术的发展及各种气动组件的性价比进一步提高，气动控制系统在自动化控制领域起着越来越重要的作用.

气动技术可使气动执行组件依工作需要作直线运动、摆动和旋转运动. 气动系统的主要工作介质是压缩空气. 压缩空气的用途极其广泛，如用低压空气来测量人体眼球内部的液体压力、气动机械手焊接、气动压力机和使混凝土粉碎的气钻等.

项目八 制造部分

同学们，前面我们研究了机械和组成机械的零件等内容，你知道这些都是怎么做出来的吗？做这些都需要哪些设备？（图 8-1）

普通机床

轴承

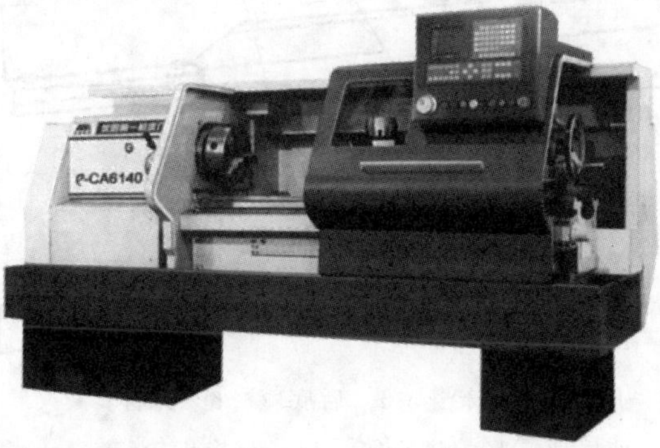

数控机床

轴

图 8-1

任务一 机床的简介

任务目标

一、知识目标

1. 了解普通车床的结构和数控车床的组成.
2. 熟悉普通车床各结构的作用和数控车床的作用.
3. 了解车床的型号及型号的意义.

二、能力目标

能根据见到的机床辨别组成部分并清楚其含义.

相关知识

一、普通车床

(一) 车床构成

车床主要由主轴变速箱、交换齿轮箱、进给箱、溜板箱、刀架、尾座及冷却、照明等部分组成，如图 8-2 所示.

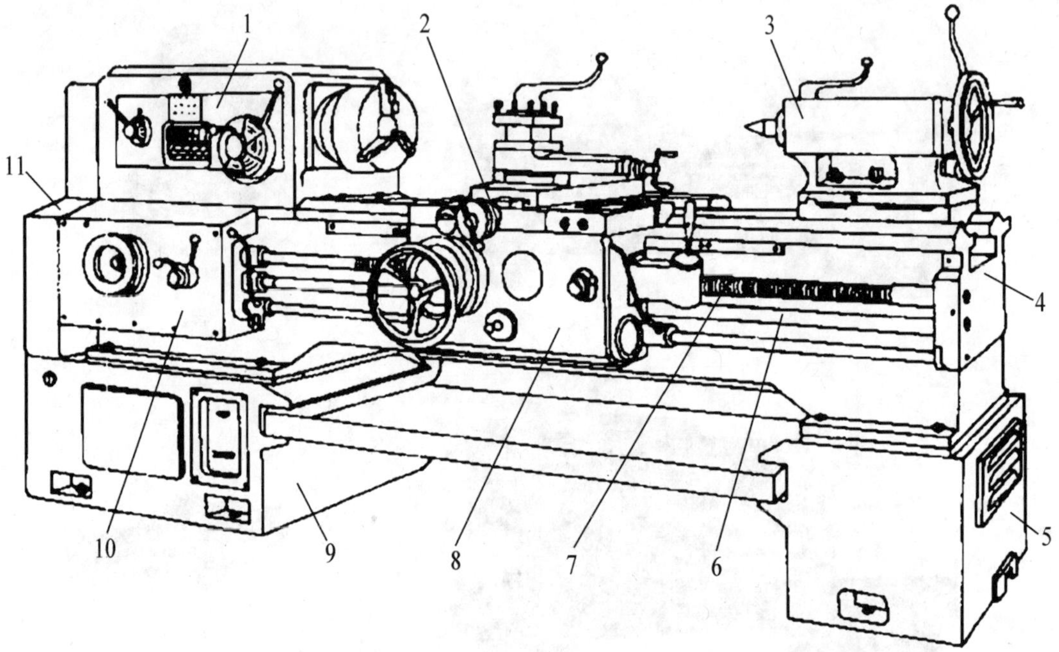

1—主轴箱　2—刀架　3—尾座　4—床身　5—后底座　6—光杠

7—丝杠　8—溜板箱　9—前底座　10—进给箱　11—交换齿轮箱

图 8-2　CA6140 车床外形图

1. 主轴变速箱：简称主轴箱，主要作用是使主轴获得不同的转速. 主轴用来安装卡盘，卡盘用来装夹工件.

2. 交换齿轮箱：把主轴的运动传给进给箱，通过改变交换齿轮箱齿轮的齿数，配合进给箱的变速运动，车削出不同螺距的螺纹工件及满足大小不同的纵、横向进给量.

3. 进给箱：把交换齿轮箱传出来的运动，经过变速后传递给光杠、丝杠，以满足攻螺纹与机动进给的需要.

4. 溜板箱：把光杠或丝杠传来的运动传递给床鞍及滑板，以形成车刀纵向或横向进给运动.

5. 床鞍和滑板：床鞍用于支持滑板与实施纵向进给. 滑板分中滑板和小滑板，中滑板用于横向进给，小滑板用于对刀、短距离的纵向进给、车圆锥等.

6. 刀架：用来装夹车刀.

7. 尾座：用途广泛，装上顶尖可支撑工件；装上钻头可钻孔；装上板牙、丝锥可攻螺纹和攻丝；装上绞刀可绞孔等.

8. 床身:车床上精度要求很高的一个大型部件.它的主要作用是支撑安装在车床上的其他部件,并且是床鞍、尾座运动的导向部分.

9. 冷却部分:给切屑区浇注充分的切屑液,降低切削温度,提高工件加工质量和刀具寿命.

(二)机床型号

机床型号是机床产品的代号,用以简明地表示机床的类型、主要技术参数、性能和结构特点等.我国的机床型号由汉语拼音字母和阿拉伯数字按一定规律排列组成.(图 8-3)

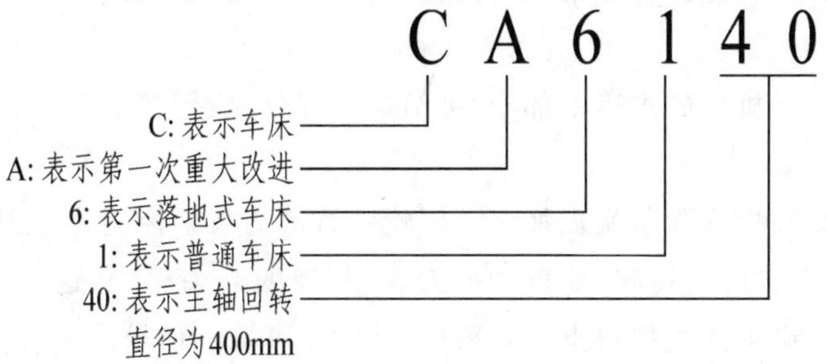

图 8-3

二、数控机床

现代数控机床,即 CNC 机床,是由普通机床、硬线数控机床发展演变而来,采用计算机数字控制方式,用单独的伺服电机驱动实现各个坐标方向的运动.

(一)数控机床的构成

CNC 机床由信息输入、数控装置、伺服驱动及检测装置、机床本体、机电接口五大部分组成,如图 8-4 所示.

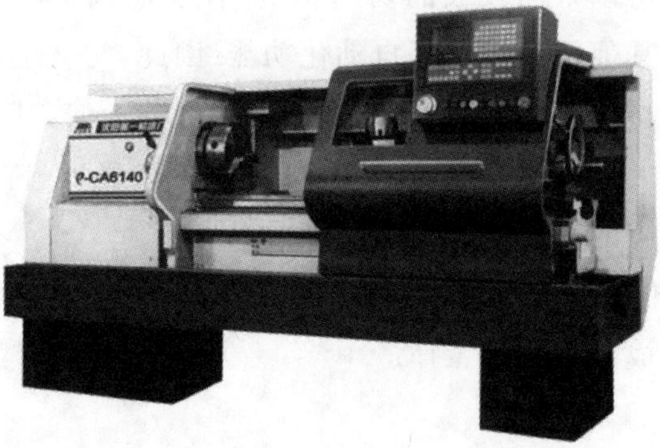

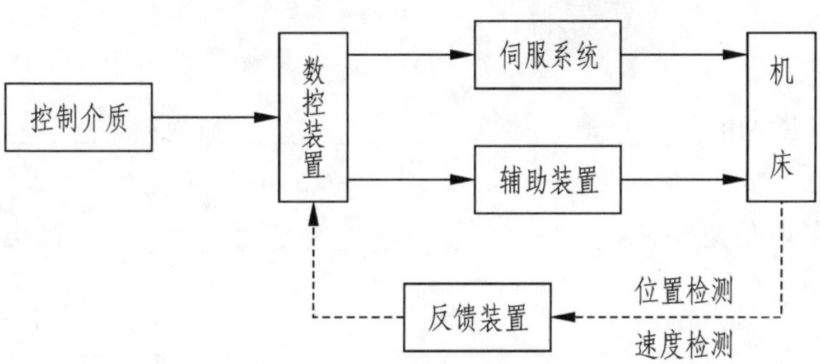

图 8-4

1. 信息输入：将加工的程序和各种参数、数据通过输入操作和输入设备送到数控装置. 输入方式有穿孔纸带、磁盘、键盘、手动脉冲发生器输入等，目前采用最多的是磁盘输入，穿孔纸带是一种比较传统的输入方式.

2. 数控装置：是一种专用计算机，一般由中央处理器(CPU)、存储器、总线和输入输出接口等构成. 数控装置是整个数控系统的核心，决定了机床数控系统功能的强弱.

3. 伺服驱动及检测装置：数控机床的关键部分，它影响数控机床的动态特性和轮廓加工精度.

4. 机床本体：包括机床的主运动部分、进给运动部分、执行部件和底座、立柱、刀架、工作台等机床部件.

5. 机电接口：数控机床除了实现加工零件轮廓轨迹的数字控制外，还有许多功能由可编程控制器(PLC)来完成逻辑控制，如自动换刀、冷却液的开关等等. 这些逻辑开关的动力是由强电线路提供的，必须经过接口电路转换成 PLC 才可接收信号.

(二) 数控机床的特点

数控机床是由普通机床发展演变而来，与普通机床相比，数控机床具有以下特点：

1. 适应性强：指数控机床随生产对象变化而变化的适应能力. 由于市场对产品的需求逐渐趋于多样化，实现产品的单件、小批量生产自动化是制造业的当务之急.

2. 精度高：数控机床是按照预定的程序自动工作的，工作过程一般不需要人工干预，消除了操作者人为的误差. 数控装置的脉冲当量目前可达到 0.01μm～0.0001mm，同时可通过实时检查误差修正或补偿等操作来获得更高的精度.

3. 效率高：数控机床可以采用较大的切削用量，有效地减少了加工中的切削工时，还具有自动换速、自动换刀和其他辅助操作等自动化功能. 因此，与普通机床相比，数控机床生产效率高出许多倍，对于复杂形面的加工，生产效率可提高数十倍，甚至几百倍.

4. 减轻劳动强度：大大减轻操作者的劳动强度和紧张程度，降低对熟练技术工人的需求，劳动条件也得到了相应的改善.

5. 有利于生产管理的现代化：用数控机床加工零件，能准确地计算产品的工时，并有效地简化检验、工夹具和半成品的管理工作.

课堂检测

一、填空题

1. 普通车床主要由__________、__________、__________、溜板箱、__________、__________、照明等部分组成.

2. 数控机床由信息输入、__________、__________、__________、机电接口五大部分组成.

3. 数控机床的特点：__________、__________、__________、__________、有利于生产管理的现代化等.

二、单选题

1. 进给箱的作用是把(　　)传出来的运动,经过变速后传递给光杠、丝杠,以满足攻螺纹与机动进给的需要.

A. 交换齿轮箱　　B. 进给箱　　C. 溜板箱

2. (　　)是整个数控系统的核心,决定了机床数控系统功能的强弱.

A. 中央处理器(CPU)　　B. 数控装置　　C. 存储器

技能训练

学生开动机床空转,进行移动溜板箱等操作.

科学小常识

高速干式切削加工技术

干式切削是一种在加工过程中不使用切削液的加工方法,由于切削过程缺少切削液的润滑、冷却、排屑等作用,相应地会出现以下问题:

1. 由于缺少切削液的润滑作用,切削力大大增加,刀具与工件之间的振动加剧,导致工件加工表面质量变差,刀具磨损加快,使用寿命缩短. 2. 由于缺少切削液的冷却作用,加工瞬间产生大量热量集中于切屑中,影响切屑成型;同时,高温下形成的带状和缠结状切屑缠绕在刀具上,影响后续切削,加剧刀具磨损. 3. 摩擦使工件和刀具的温度升高,导致刀具磨损加快,工件产生残留应力,刀具和工件发生热变形,工件表面质量降低. 4. 无润滑作用,刀具分屑困难,切屑堵塞容屑槽,损坏已加工的工件表面. 5. 热量不能及时从机床的主体结构中排出,由于不能保持热平衡,床身、立柱等构件会因温度变化而产生缓慢变形,影响加工精度和降低工件表面质量. 6. 残留切屑不能及时排出,导致夹紧误差增大、损坏机床导轨等问题.

但是在工艺相同的情况下,高速切削加工存在以下优势:

1. 切削速度提高,材料切除率(切削速度、进给量和切削深度的乘积,vfap)增加,切削加工时间减少. 2. 高速切削时,切削力随着切削速度的提高而降低 30%以上,有利于刚性较差的零件和薄壁零件的切削加工. 3. 高速切削时,切屑以很快的速度排出,可带走大量切削热量. 切削速度愈高,带走的热量愈多(约 90%以上),传给工件的热量大幅减少,有利于减小加工零件的内应力和热变形,提高加工精度. 4. 从动力学的角度出发,转速的提高使切削系统的工作频率远高于机床的低阶固有频率,而工件的加工表面粗糙度对低阶固有频率最敏感,因此大大降低了加工表面粗糙度.

综上所述,干式切削工艺的关键在于找到一种代替冷却和润滑的方法,在停止使用切削液的同时,保证高效率、高品质和刀具高耐用度以及切削过程的可靠性. 因此,需要用性能优良的干式切削刀具、机床以及辅助设施替代传统切削中切削液的作用. 如日本 Makino 公司提出的“红月牙”(Red Crescent)干切削工艺,其原理是由于切削速度很高,产生的热量聚集于刀具前部,使工件切削区附近的材料达到红热状态,导致屈服强度明显下降,从而提高材料去除率,这是目前比较成功的干式切削方法.

任务二　常用的刀具和夹具

任务目标

一、知识目标

1. 了解刀具的种类.

2. 熟悉并掌握车刀的组成部分.

3. 能根据不同的车刀说出不同的用途.

4. 了解机床夹具的结构及用途.

二、能力目标

根据不同情况的加工选择不同的刀具及夹具.

相关知识

一、车刀

车刀是指在车床上使用,并加工出工件的刀具. 车刀是应用最广泛的一种刀具.

(一) 车刀的种类

车刀按其车削内容不同分外圆车刀、断面车刀、切断刀、内孔车刀、成形车刀和螺纹车刀等,如图 8-5 所示.

外圆车刀　端面车刀　切断刀　内孔车刀　圆头车刀　螺纹车刀

图 8-5

(二) 车刀的组成

车刀由刀体和刀柄两部分组成. 刀体担负切削任务,因此又叫切削部分;刀柄的作用是把车刀装夹在刀架上.

1. 前刀面:切屑排出时经过的表面.

2. 后刀面:后刀面又分为主后刀面和副后刀面. 主后刀面是和工件上过渡表面相对的车刀刀面;副后刀面是和工件上已加工表面相对的车刀刀面.

3. 主切削刃:前刀面和主后刀面相交的部位,它担负着车刀的主要切削任务.

4. 副切削刃:前刀面和副后刀面相交的部位,它担负着车刀的次要切削任务.

5. 刀尖:主切削刃和副切削刃相交的部位. 为了提高刀尖的强度,常把刀尖部分磨成圆弧形或直线形,圆弧或直线部分的刀刃叫过渡刃,如图 8-6 所示.

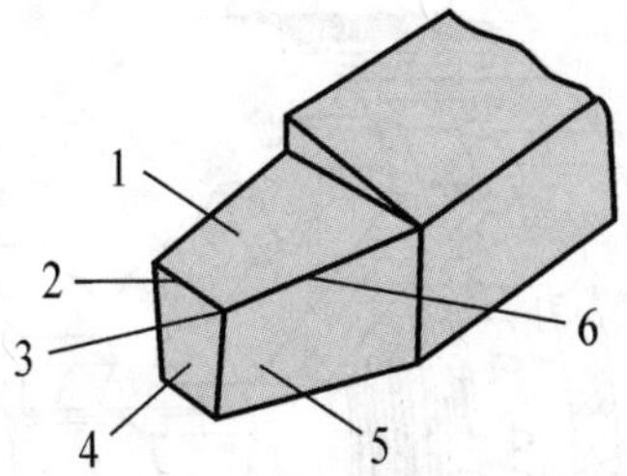

1—前刀面　2—副切削刃　3—刀尖　4—副后面　5—主后面　6—主切削刃

图 8-6

(三) 车刀的用途

90°车刀又叫偏刀，主要用来车削外圆、断面和阶台；75°车刀用来粗车外圆；45°车刀又叫弯头刀，主要用来车外圆、端面和倒角；切断刀用来切断、切槽；成形车刀用来车削成形面；螺纹车刀用来攻螺纹，如图 8-7 所示.

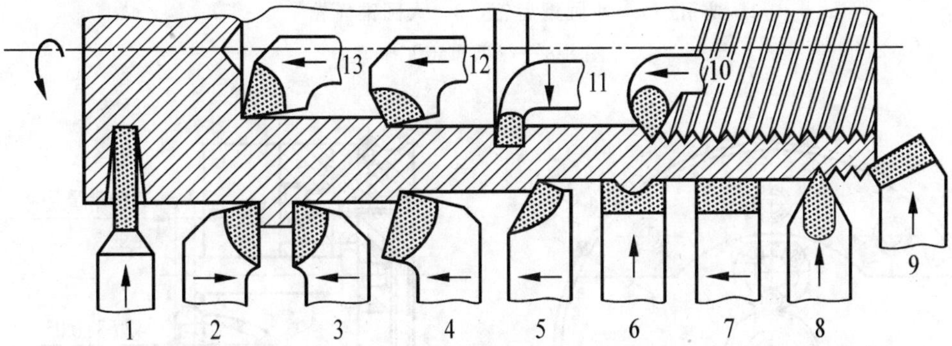

1—切断刀　2—90°左偏刀　3—90°右偏刀　4—弯头车刀　5—直头车刀
6—成形车刀　7—宽刃车刀　8—外螺纹车刀　9—端面车刀　10—内螺纹车刀
11—内槽刀　12—通孔车刀　13—盲孔车刀

图 8-7

二、机床夹具简介

在机床上用以装夹工件的装置称为机床夹具. 机床夹具按机床种类分为车床夹具、铣床夹具、磨床夹具、钻床夹具等，机床夹具按通用化程度又可分为通用夹具、专用夹具和组合夹具.

(一) 通用夹具

能装夹两种或两种以上工件的夹具称为通用夹具. 如三爪自定心卡盘(图 8-8)、四爪单动卡盘、顶尖及中心架等. 通用夹具主要适用于单件小批量生产.

(二) 专用夹具

专门为某一工件的某一工序设计的夹具称为专用夹具. 专用夹具常用于固定或批量较大的生产中，如图 8-9 所示角铁式车削夹具.

(三) 组合夹具

由预先制造好的标准化元件组装而成的夹具称为组合夹具. 组合夹具主要适用于新产品试制和单件小批量生产，如图 8-10 所示.

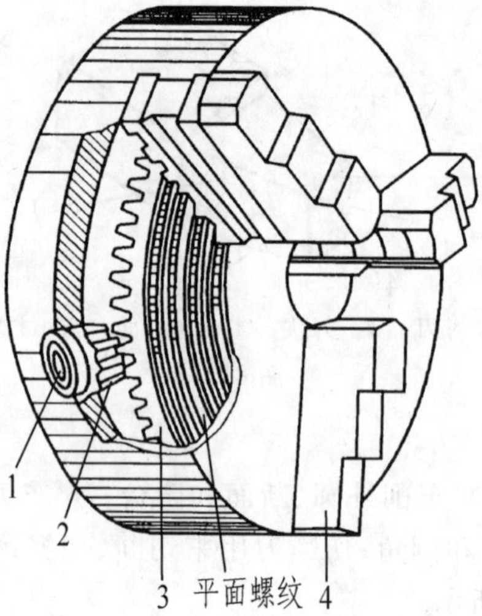

1—方孔 2—小圆锥齿轮 3—大圆锥齿轮 4—卡爪

图 8-8 三爪自定车卡盘

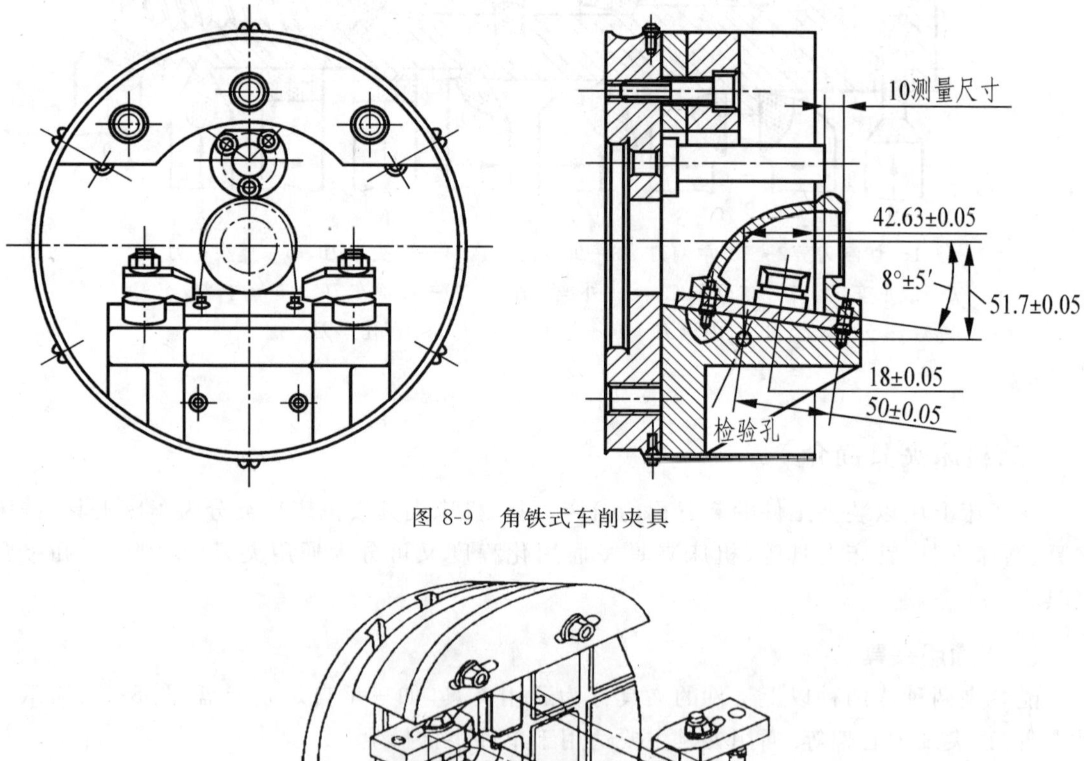

图 8-9 角铁式车削夹具

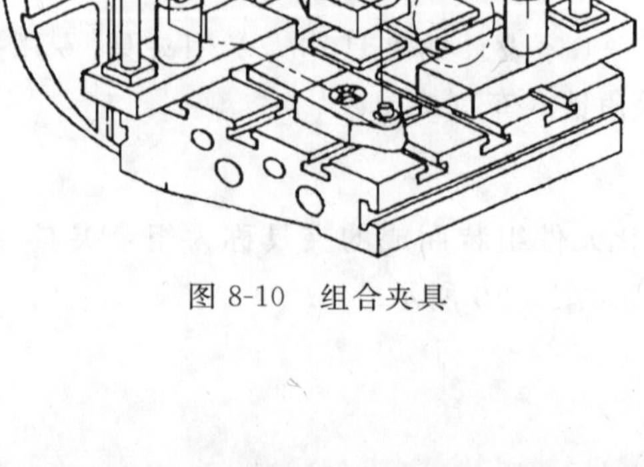

图 8-10 组合夹具

课堂检测

一、填空题

1. 车刀按其车削内容不同分外圆车刀、__________、__________、__________、成形车刀和螺纹车刀等.

2. 车刀由__________和__________两部分组成.

3. 机床夹具按通用化程度又可分为__________、__________和__________.

二、单选题

1. 90°车刀又叫偏刀,主要用来(　　).

A. 切槽　　B. 车削螺纹　　C. 车削外圆

2. 后刀面又分为主后刀面和(　　).

A. 副后刀面　　B. 前刀面　　C. 主切削刃

3. 能装夹两种或两种以上工件的夹具称为(　　).

A. 专用夹具　　B. 通用夹具　　C. 组合夹具

技能训练

请同学们利用实训课刃磨外圆车刀、端面车刀、切断刀、内孔车刀、螺纹车刀.

科学小常识

微细加工技术

微细加工技术是精明加工技术的一个分支,应满足下列功能:

1. 为达到很小的单位去除率(UR),需要各轴能实现足够小的微量移动,对于微细的机械加工和电加工工艺,微量移动可小至几十纳米,电加工的 UR 最小极限取决于脉冲放电的能量. 2. 高灵敏的伺服进给系统,要求低摩擦的传动系统和导轨主承系统以及高精度跟踪性能的伺服系统. 3. 高平稳性的进给运动,尽量减少由于制造和装配误差引起的各轴的运动误差. 4. 高的定位精度和过定位精度. 5. 低热变形结构设计. 6. 刀具的稳固夹持和高的重复夹持精度(图 8-11). 7. 高的主轴转速和极低的动不平衡. 8. 稳固的床身构件并隔绝外界的振动干扰. 9. 具有刀具破损和微型钻头折断的敏感的监控系统.

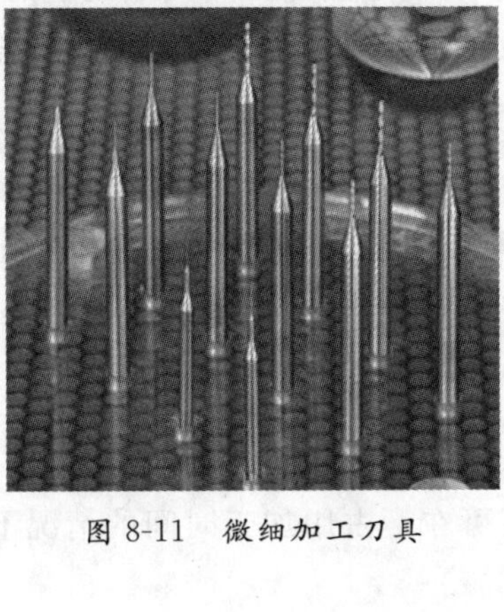

图 8-11　微细加工刀具

任务三　零件的工艺分析及加工

任务目标

一、知识目标

1. 了解零件加工的过程.

2. 掌握常见零件的工艺分析.

3. 能根据图纸分析零件的工艺及加工.

二、能力目标

根据工件图纸能独立编写加工工艺及程序并加工工件.

相关知识

数控加工是指在数控机床上进行零件加工的工艺分析过程,数控机床是按照预先编制的程序进行加工的,加工的所有工序、工步及每道工序的切削用量、走刀路线、加工余量和所有刀具尺寸、类型等都要预先确定好并编入程序中.

一、零件分析

数控加工中对零件的分析主要有以下几个方面:分析零件图样,确定加工工艺过程;数值计算;编写零件加工程序;程序输入及校对程序;首件加工等.

(一) 分析零件图样,确定工艺路线

分析零件图样,即分析零件的材料、形状、尺寸、精度、毛坯形状和热处理要求等.通过分析,确定零件是否适宜在数控机床上加工.工艺分析的基本原则是充分发挥数控机床的效能,所以加工路线要尽量短,要正确选择对刀点、换刀点,以减少换刀次数.

(二) 数值计算

根据零件图样的几何尺寸和所确定的加工路线及设定的坐标系计算出数控机床所需要的数据.数值计算的复杂程度取决于零件的复杂程度和数控系统的功能.

(三) 编写加工程序单

编写人员可根据数值计算得到的加工数据和已确定的工艺参数、刀位数据,结合数控系统规定的功能指令代码及程序段格式编写零件加工程序单.编写程序时,还要了解数控机床加工零件的过程,以便填入必要的工艺指令,如机床启停、加工中暂停等.

(四) 程序输入

程序输入有手动数据输入、介质输入和通信输入等方式.现代 CNC 系统的存储量很大,可存储多个零件的加工程序,且可在不占用加工时间的情况下输入.

(五) 校对检查程序

校对检查由于计算和编写程序造成的错误等. 校对检查方法是将程序单进行初期检查，并用笔在坐标纸上画出加工路线，以检查机床的运动轨迹是否正确.

(六) 首件加工

程序校验结束后，必须在机床上进行首件试加工. 因为校验方法只能检验出机床的运动是否正确，不能检查出被加工零件的加工精度.

经过以上各步骤，并确认试切的零件符合零件图纸技术要求后，数控编程工作才能算结束.

二、加工顺序安排

加工顺序的安排应根据工件的结构和毛坯状况选择工件的定位和安装方式，重点保证工件的刚度不被破坏，尽量减少变形，因此制定零件数控车削加工工序顺序需遵循下列原则：

1. 先加工定位面，即上道工序的加工能为后面的工序提供精基准和合适的夹紧表面，不能互相影响. 制定零件的整个加工工艺路线需要从最后一道工序开始往前推，按照前一道工序为后一道工序提供基准的原则大致安排.

2. 先加工平面，后加工孔；先内后外，先加工工件的内腔，再进行外形加工；先加工简单的几何形状，再加工复杂的几何形状.

3. 根据加工精度要求，可将粗、精加工合为一道工序. 对精度要求高的零件，粗、精加工需分开进行，先粗加工后精加工.

4. 以相同定位和夹紧方式安装的工序，最好连续进行，以减少定位次数、夹紧次数及空行程时间.

5. 中间穿插有通用机床加工工序的要综合考虑，合理安排其加工顺序.

6. 在一次安装完成多道工序中，先安排对工件刚性破坏较小的工序.

上述工序顺序安排的一般原则不仅适用于数控车削加工工序顺序的安排，也适用于其他类型的数控加工工序顺序的安排.

三、零件加工的应用

在数控机床上加工零件时，需要考虑零件整个加工工艺的安排问题，如果加工工艺比较长，就要先考虑是否可以在一台数控机床上完成零件的全部加工工作.

【例】 分析如图 8-12a 所示的手柄零件.

(一) 零件图纸分析及确定工艺路线

该图是一个手柄零件，一次装夹不能完成加工，宜采用两次装夹三个工序进行安排加工，或者采用两次装夹两个工序进行加工.

第一次装夹(棒料)及第一个工序安排如图 8-12b 所示. 先车削ϕ12 和ϕ20 两圆柱面及 20°圆锥面. 粗车掉 R42 圆弧的部分余量，转刀后按总长要求留加工余量切断.

第二次装夹(调头)及第二个工序安排加工，即包括 SR7 球面的圆锥面，然后对全部圆弧表面半精车(留较少精车余量)如图 8-12c 所示.

换精车刀后，保持第二次装夹状态，按第三个工序安排即可将全部圆弧表面一次走刀车成形.

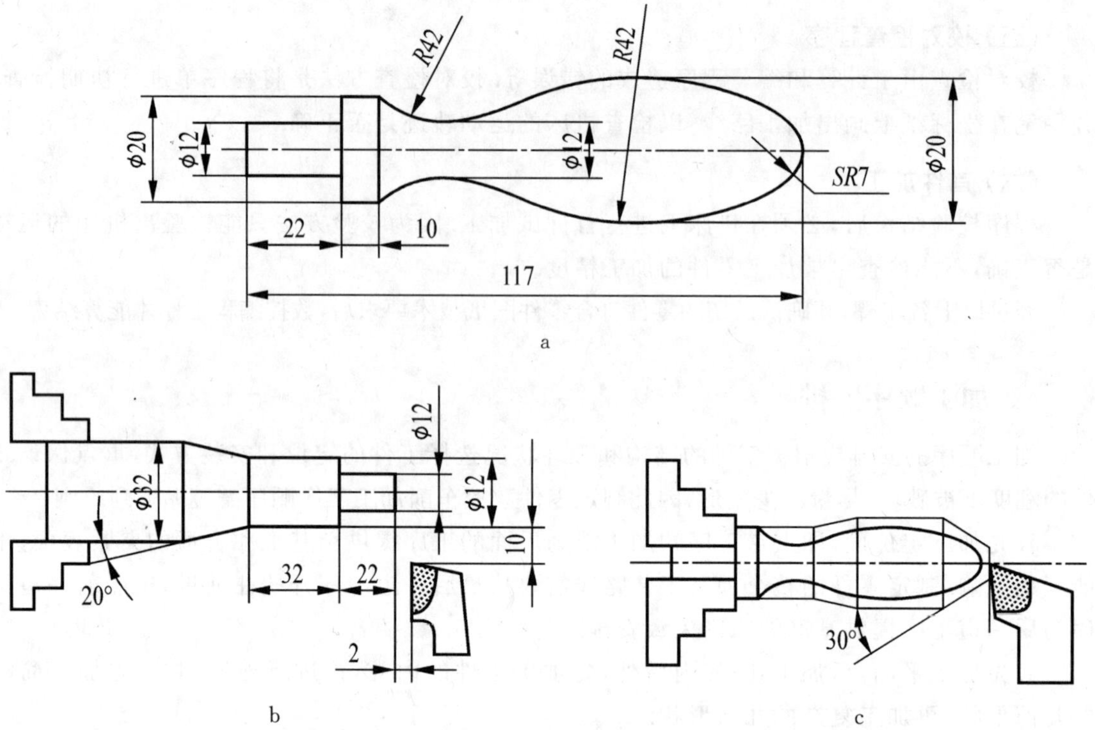

图 8-12

(二) 数值计算

要加工该手柄必须计算出各个圆弧与圆弧相切的交点坐标，才能编写程序并加工. 利用三角函数计算出 $R7$ 与 $R60$ 的交点坐标为(X11. 89，Z3. 3)，$R60$ 与 $R42$ 交点坐标为(X21. 15，Z57. 61).

(三) 编写程序单

用华中系统编写(先加工工件的左边)

毛坯：φ 30×120mm	调头装夹加工工件的右边
M03S1200；主轴正传，转速为 1200 转每分钟	M03 S1200；主轴正传，转速为 1200 转每分钟
T0101；第一号刀具执行一号刀补	T0101；第一号刀具执行一号刀补
G00 X30 Z1；快速定位	G00 X30 Z1；快速定位
G71 U1 R1 P1 Q2 X0. 5 Z0. 001 F150；循环指令	G71 U1 R1 P1 Q2 X0. 5 Z0. 001 F150；循环指令
N1 G01 X12 C0. 2；精加工起始点	N1 G01 X0 Z0 F150；精加工起始点
Z0	G03 X11. 89 Z－3. 3 R7
Z－22	G03 X21. 15 Z－57. 61 R60
X22 C0. 2	
N2 Z－35；精加工终点	N2 G02 X22 Z-85 R42；精加工终点
G00 X50 Z100；退刀	G00 X50 Z100
M30；程序结束	M30

课堂检测

一、填空题

1. 数控加工中对零件的分析主要有以下几个方面：_________，_________，_________，编写零件加工程序，__________，首件加工等.

2. 程序输入有__________、__________和__________等方式.

二、简答题

请简述制定车削加工工序顺序需遵循的原则.

技能训练

根据图 8-13 所示的图纸计算交点坐标.

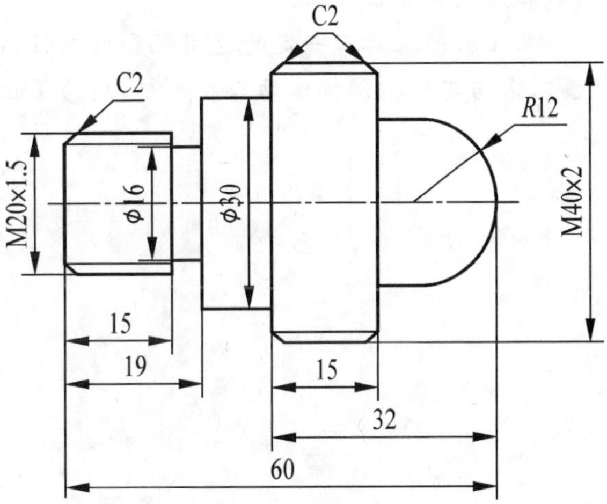

图 8-13

科学小常识

工业机器人

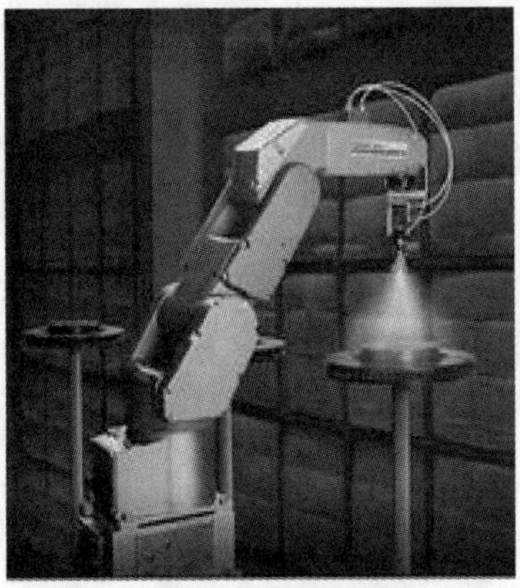

图 8-14　工业机器人

图 8-15　机器人涂胶工作

1954 年美国戴沃尔最早提出了工业机器人的概念，并申请了专利，该专利的要点是借助伺服技术控制机器人的关节，利用人手对机器人进行动作示教，机器人能实现动作的记录和再现，这就是所谓的示教再现机器人.现有的机器人差不多都采用这种控制方式.1959 年第一台工业机器人在美国诞生，开创了机器人发展的新纪元.

工业机器人在工业生产中能代替人做某些单调、频繁和重复的长时间作业，或是危险、恶劣环境下的作业，例如在冲压、压力铸造、热处理、焊接、涂装(图 8-15)、塑料制品成形、机械加工和简单装配等工序，以及在原子能工业等部门中，完成对人体有害物料的搬运或工艺操作.

20 世纪 50 年代末，美国在机械手和操作机的基础上，采用伺服机构和自动控制等技术，研制出有通用性的独立的工业用自动操作装置，并将其称为工业机器人.20 世纪 60 年代初，美国研制成功两种工业机器人，并很快地在工业生产中得到应用.1969 年，美国通用汽车公司用 21 台工业机器人组成了焊接轿车车身的自动生产线.此后，各工业发达国家都很重视研制和应用工业机器人.

工业机器人具有一定的通用性和适应性，能适应多品种中、小批量的生产，20 世纪 70 年代起，常与数字控制机床结合在一起，成为柔性制造单元或柔性制造系统的组成部分.

附　表

附表1　常用碳素结构钢的种类、牌号、力学性能及应用举例

分　类	牌　号	力学性能			应用举例
		σ_s/Mpa	σ_b/Mpa	δ(%)	
普通碳素结构钢	Q195	195	315～390	33	铆钉、螺钉、轻负荷的冲压零件和焊接件
	Q215	215	225～410	31	
	Q235	235	375～460	26	螺栓、螺母、销子、吊钩
	Q275	275	490～610	20	小轴、螺母、垫圈
优质碳素结构钢	08	325	195	33	冷冲压件，如汽车和仪表仪器的外壳
	10	325	205	31	渗碳齿轮、螺母、垫圈、机罩、焊接容器
	15	375	225	27	
	20	450	275	23	
	35	530	315	20	齿轮、连杆、机床主轴等
	40Mn	590	355	17	
	45	600	255	16	
	50Mn	645	390	13	
	55	645	380	13	
	65	695	410	10	弹簧、机车轮缘、低速车轮
	65Mn	735	430	9	
	70	715	420	9	
铸钢	ZG200—400	200	400	25	机座、变速箱壳
	ZG230—450	230	450	22	轴承盖、外壳、底板、阀门体
	ZG270—500	270	500	18	轧钢架、模具、箱体、缸体、连杆、曲面
	ZG310—570	310	570	15	缸体、齿轮、制动轮、联轴器、机架
	ZG340—640	340	640	10	齿轮、棘轮、叉头、车轮

附表 2　碳素工具钢的牌号、性能和应用举例

牌号	硬度		应用举例
	退火硬度 HBS≤	淬火硬度 HRC≥	
T7、T7A	187	62	凿子、冲头、木工工具
T8、T8A	187	62	冲头、木工工具、剪切金属用的剪刀
T9、T9A	192	62	冲模、冲头、凿岩用凿子
T10、T10A	197	62	刨刀、车刀、钻头、丝锥、手据据头、拉丝模、冷冲模
T12、T12A	207	62	丝锥、锉刀、刮刀、铰刀、板牙、量具

附表 3　常用合金结构钢的种类、牌号、力学性能和应用举例

合金钢种类	含碳量(%)	常用牌号	力学性能			应用举例
			σ_s/MPa	σ_b/MPa	δ(%)	
低合金高强度结构钢	<0.2	Q345	345	470	21	用于桥梁、车辆、船舶、锅炉、高压容器和输油管等
		Q390	390	490	19	
		Q420	420	520	18	
		Q460	460	550	17	
		Q500	500	610	17	
合金渗碳钢	0.10～0.25	20Cr	245	470	18	用于承受冲击的耐磨零件
		20CrMnTi	395	615	17	
合金调质钢	0.25～0.50	35Cr	395	615	17	主要用于制造在多种载荷下工作的重要零件
		40Cr	540	615	15	
		35CrMo	540	735	15	
		38CrMoAl	835	725	14	
合金弹簧钢	0.45～0.70	60Si2Mn	120	130	5	汽车板簧、螺旋弹簧等
滚动轴承钢	0.95～1.15	GCr15、GCr15SiMn	—	—	—	滚动轴承

附表 4 常用合金工具结构钢的种类、牌号、力学性能和应用举例

类型	常用牌号	硬度		应用举例
		退火硬度 HBS≥	淬火硬度 HRC≥	
量具刃具钢	9SiCr	197	62	用于制造板牙、丝锥、铰刀等手工刀具，高精度量具如量规
	Cr06	187	64(水淬)	
	Cr2	179	62	
冷作模具钢	Cr12	217	60	冷冲模、冷挤压模、剪切模
	Cr12MoV	207	58	
	CrWMn	207	62	
热作模具钢	5CrMnMo	197	—	热锻模、压铸模、热挤压模
	5CrNiMo	197	—	
塑料模具钢	3Cr2Mo	—	45	制造各种塑料模具
高速工具钢	W18Cr4V	255	63	铣刀、铰刀、拉刀、麻花钻等机床用刀具及热作模具
	W6Mo5Cr4V2	155	63	

附表 5 常用特殊性能钢的种类、牌号及应用

类型	常用牌号	应用举例
不锈钢	1Cr13、3Cr13	耐蚀性能要求一般，如汽轮机叶片、水压机阀等
	1Cr17	用于硝酸及食品工厂设备，也可用于在高温下工作的零件
	1Cr18Ni9、0Cr19Ni9	耐蚀容器入设备衬里、输送管道
耐热钢	1Cr18Ni9Ti	加热炉构件
	1Cr13、1Cr11MoV	汽轮机、燃气轮机及增压器叶片
	00Cr12	加热炉构件

附表 6 铸铁的种类、牌号、力学性能及应用举例

种类	碳存在形式	牌号	力学性能				应用举例
			σ_b /MPa	$\sigma_{r0.2}$ /MPa	δ/%	HBS	
白口铸铁	渗碳体	—	—	—	—	—	炼钢原料
灰铸铁	片状石墨	HT200	200	—	—	157～236	气缸、齿轮、机座、床身、气缸体、气缸套、活塞、齿轮箱、刹车轮、联轴器盘、中等压力阀体等
		HT250	250	—	—	175～262	
		HT300	300	—	—	182～272	床身、机座、机架，高压液压件、活塞环、受力较大的齿轮、凸轮、衬套、大型发动机的曲轴、气缸体、缸套、气缸盖等
		HT350	350	—	—	199～298	
球墨铸铁	球状石墨	QT400-15	400	250	15	130～180	汽车、拖拉机的轮毂、驱动桥壳、差速器壳、拨叉、农机具零件、中低压阀门、输气管道、压缩机上高低压气缸、电机机壳、齿轮箱、飞轮壳等
		QT450-10	450	310	10	160～210	
		QT500-7	500	320	7	170～230	汽车和拖拉机的曲轴、连杆、凸轮轴、气缸体、气缸套，部分磨床、铣床、车床的主轴，机床蜗轮、轧钢机轧辊、大齿轮、小型水轮机主轴，桥式起重机大小滚轮
		QT600-3	600	370	3	190～270	
		QT700-2	700	420	2	225～305	
可锻铸铁	团絮状石墨	KTH300-06	300	—	6	不大于150	承受低动载荷及静载荷、要求气密性的零件
		KTH330-08	330	—	8		扳手、犁刀、犁柱、车轮壳等承受中等动载荷的零件
		KTH350-10	350	200	10		汽车和拖拉机前后轮壳、减速器壳、转向节壳、制动器及铁道零件等承受较高冲击、振动的零件
		KTH450-06	450	270	6	150～200	曲轴、凸轮轴、连杆、齿轮、活塞环、轴套、耙片、万向接头、棘轮、扳手、传动链条
		KTH550-04	550	340	4	180～250	

种类	碳存在形式	牌号	力学性能				应用举例
			σ_b/MPa	$\sigma_{r0.2}$/MPa	δ/%	HBS	
蠕墨铸铁	蠕虫状石墨	RuT260	260	195	3	121～197	增压器废气进气缸体、汽车轮盘零件等
		RuT300	300	240	1.5	140～217	排气管、变速箱体、气缸盖、液压件、纺织机零件、钢锭模等
		RuT340	340	270	1.0	170～249	重型机床件、大型齿轮箱体、盖、座、飞轮、起重机卷筒等
		RuT380	380	300	0.75	193～274	活塞环、气缸套、制动盘等

附表 7　常用铜及铜合金的牌号、性能和应用举例

分类		牌号	性能	应用举例
纯铜		T1	有良好的导热性、导电性，塑性好，具有抗蚀性、抗磁性，减磨耐磨性好.	电线、电缆、电气开关、垫圈、铆钉、灯管等
		T2		
		T3		
黄铜	普通黄铜	H96、H68、H59		装饰品、垫圈、弹簧、金属网等.
	特殊黄铜	HPb59-1、HNi65-5、HSn62-1		船舶零件、齿轮、蜗轮、弹性零件、螺钉、垫圈等
青铜	锡青铜	QSn4-3		齿轮、蜗轮、连杆、轴瓦、轴套、轴承等
	铝青铜	QAl10-5-5		
	铍青铜	QBe2		

附表 8　常用铝及铝合金的牌号、性能和应用举例

分类		牌号	性能	应用举例
纯铝		1070	导电性、导热性好，具有良好的抗腐蚀性，工艺性能优良	电容器、垫片、电缆、导电体、装饰件
		1060		
		1050		
		1035		
		1200		
铸造铝合金	Al-Si	ZAlSi12(ZL102)	铸造性能好，强度和塑性都比较差	一般构件
	Al-Cu	ZALCu5Mn(ZL201)	较好的耐高温性能，但铸造性能和抗蚀性差	金属铸型
	Al-Mg	ZALMg10(ZL301)	较高的强度和良好的耐腐蚀性能，密度小，铸造性能差	在腐蚀性介质中工作的零件
	Al-Zn	ZALZn6Mg(ZL402)	强度较高，塑形好，抗腐蚀性差	制造形状复杂的汽车、飞机零件
变形铝合金	防锈铝合金	5A05(LF5)	抗蚀性高，塑性和焊接性好	油箱、导管、铆钉、生活器皿
		3A21(LF21)		
	硬铝合金	2A01(LY1)	强度较高，塑性好，抗腐蚀性差	铆钉、仪器、仪表及航空工业中广泛应用
		2A12(LY11)		
		2A12(LY12)		
	超硬铝合金	7A04(LC4)	强度很高，耐高温性、抗腐蚀性差	飞机大梁、起落架等
		7A09(LC9)		
	锻铝合金	2A50(LD5)	强度较高，塑性好，耐腐蚀性较好	形状复杂的大型锻件或模锻件
		6A02(LD2)		
		2A14(LD10)		

附表9 常用轴承合金的牌号、性能和应用举例

分类	牌号	性能	应用举例
锡基轴承合金	ZSnSb11Cu6	硬度适中,减磨性好,有足够的塑性、韧性,良好的耐腐蚀性、导热性	发动机、压缩机等的高速轴承
铅基轴承合金	ZPb16Sb16Cu2	铅基轴承合金较锡基轴承合金脆,热导率、热膨胀系数、耐腐蚀性能低,但强度却接近或高于锡基合金,且价格低	汽车和拖拉机的曲轴轴承及发电机、空压机、破碎机轴承

主要参考文献

1.王光勇主编.机械基础.第二版.南京:凤凰出版传媒集团,2009.5

2.刘晓芬主编.机械基础(多学时).北京:电子工业出版社,2009.5

3.李世维主编.机械基础(机械类).第二版.北京:高等教育出版社,2001.7

4.黄国雄主编.机械基础.北京:机械工业出版社,2006.1